每个女人的

生物钟 美颜圣经

李 洁 果 果 主编

BIOLOGICAL

CIOCK ♥

PARFUM

Kiss

四川科学技术出版社

·成都·

图书在版编目（ＣＩＰ）数据

每个女人的生物钟美颜圣经 / 李洁，果果主编. -- 成都：
四川科学技术出版社，2015.1
ISBN 978-7-5364-7998-2

Ⅰ.①每… Ⅱ.①李… ②果… Ⅲ.①人体－生物钟－关系－
女性－美容－基本知识 Ⅳ.①TS974.1

中国版本图书馆CIP数据核字(2014)第267859号

每个女人的生物钟美颜圣经
MEIGE NUREN DE SHENGWUZHONG MEIYAN SHENGJING

出 品 人　钱丹凝
主　　编　李洁　果果
责任编辑　肖 伊
装帧设计　华阳文化
封面设计　虫 虫
图片提供　达志影像
责任出版　欧晓春
出版发行　四川出版集团·四川科学技术出版社
　　　　　成都市三洞桥路12号 邮政编码 610031
成品尺寸　168mm×240mm
　　　　　印张 12 字数 150千
印　　刷　四川华龙印务有限公司
版　　次　2015年1月第一版
印　　次　2015年1月第一次印刷
定　　价　26.50元
ISBN　978-7-5364-7998-2

都说美丽的女人靠养颜，而聪明的女人会靠养生来散发魅力。随着社会节奏的飞速发展以及女人也要独立的生活态度，女性们面临着越来越多来自工作、家庭和社交等方方面面的压力。身心的疲惫和健康状况的日趋下降，会让岁月磨砺下的她们意识到，美丽的容貌仅凭妆容的掩盖是远远不够的，也是对自己的不负责。那种由内而外的自然健康才应是她们的所求，因为即使天生的好容颜，也抵不过环境的影响和岁月的蹉跎，而内外兼修出来的美丽则会散发出耀人的光芒，仿若钻石般持久。

女人本来就应该拥有亮丽的容颜、滋润的肌肤、凹凸的身材、乐观的心态以及健康的体魄。如此盛开，还怕蝴蝶不来吗？通过养生达到养颜的目的，被时下越来越多的女性朋友所认可和追捧。但是你真的懂得养生之道吗？真的了解你的身体机能吗？你是否知道大自然的规律是影响人体健康的重要因素？其实养生最有效的途径，就是要先了解清楚人体机能所固有的生物钟，它对应着自然、对应着四季，同时也对应着每一天的不同时刻，掌握好身体的生物钟，顺应自然、顺应四季、顺应不同时刻的身体机能，健康和美丽就会及时找到你。

就如花朵有它的生长、开放、凋谢周期一样，女性也有着不同于男性的独特生命轨道，需要在特定的时期进行合理的保养。例如掌握好人体的高潮期、低潮期和临界

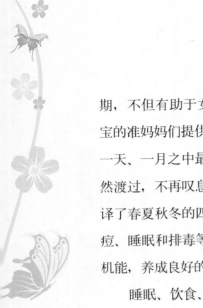

期，不但有助于女性朋友更好地安排工作、学习和生活，更给准备要宝宝的准妈妈们提供了生出优质宝宝的可贵定律；掌握好一周之中最危险的一天、一月之中最危险的时段、一生之中最危险的年龄段，我们就可以安然渡过，不再叹息疾病为什么会突然来访，才会让健康和美丽更持久；破译了春夏秋冬的四季美容密码，我们就会更懂得对应季节去如何补水、祛痘、睡眠和排毒等的正确方法了；而了解了一天之中，不同时间段的身体机能，养成良好的生活习惯，想要身体不好都难。

睡眠、饮食、排毒等，生活中无处不在的养颜方式快快学起来，希望您在本书中收获健康的同时也收获到生活的智慧和持久的美丽！

参与本书编写的人员有：李洁、李良、郭红霞、霍秀兰、杨春明、陈鹤鲲、顾新颖、陈方莹、薛翠玲、杨佩薇、宋刚、任晓红、张慧丽、徐丽华、王鹏、宋飞等，特此感谢！

目录

contents

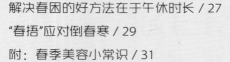

第三章
时辰生物钟：给身体全天候细腻呵护

第四章
睡眠生物钟：美容觉魔法带来肌肤大改造

第五章
饮食生物钟：食物是养颜的神奇伙伴

第六章
女性特殊时期生物钟：
捕捉美颜美体的"尖峰时刻"

附录

第一章

生物钟：
人体生物节律"交响乐"

BIOLOGICAL

CIOCK

认识人体生物节律

　　每个人的自身都存在一种生命规律，我们称之为"人体生物节律"。它包括人体的体力节律、智力节律和情绪节律，同时也代表着人体内的生物循环。由于它时间上的准确性，我们也称之为"人体生物钟"。猫咪习惯白天睡觉，夜晚活动；大雁在深秋结队南飞；女子的月经有其准确的周期……生物节律时时给我们上演着奥妙迷人的节奏。

生物节律在生活中的四点表现

　　提示事件：当你看见一件事物时，会自然地联想起另一件事物，例如你看到山楂，就能够想起山楂的味道等等。

　　提示时间：能够让你在预定的一个时间点之前做好准备，或进行某件事。例如，你购买了上午10点的火车票，那么你自然会提前出发，到达火车站等候。

　　维持状态：当你看一部喜欢的电影时，你能够聚精会神地持续看1～2个小时，这种状态的保持，也是生物节律的一种表现。

　　禁止功能：如果在

你聚精会神看电影的过程中，忽然周围起火，那么生物节律的维持状态会马上解除，禁止功能则会体现在你起身逃跑或立刻参与灭火的行为里。

顺应自然、顺应生物钟才是健康之道

现代社会，人们越来越注重与大自然的整体协调性，生物钟也会随着大自然的变化及时作出调节。大自然讲究春生、夏长、秋收、冬藏，人体同样也需要"春夏养阳，秋冬养阴"的养生方法，才能保持健康长寿。

生物节律犹如时钟一般往复振荡工作，如果外界环境对其造成的刺激过强或过弱，就会干扰生物钟的正常运转，使得个体内部各机能出现紊乱甚至会引起疾病，所以睡眠昼夜颠倒、饮食过度不当使得等违背生物节律的生活习惯，我们都要尽量避免。

解读女性的生命周期

　　花朵有开放的周期、月亮有圆缺的周期……生物都按照其自身的生命轨道生存着，作为女性，也同样有着独特的生命周期。你是否曾听到有人说，女人7年是一个坎：14岁来月经，21岁恋爱，28岁结婚，35岁身体开始走下坡路……作为女性或女性身边的伴侣，你是否了解自己或她们的生命周期呢？下面我们就一起来解读一下吧。

中医视角论女性生命周期

　　中医认为，女性一七时，肾气旺盛，在此时更换牙齿、生长头发；二七时，任脉通，太冲脉旺盛，开始有月经并能怀孕生育了；三七时，肾气平稳了，发育基本完成；四七时，筋骨最强健，身体状态也达到顶峰；五七时，面容开始憔悴，头发也逐渐掉落；六七时，面色枯槁，头发开始变白；七七时，任脉虚，太冲脉也开始衰弱，进入了绝经期。

　　由此可以看出，女性在28岁时，生理达到最佳状态，往后则开始走下坡路。因此，女性从28岁时就应该注意保养了，如按照中医的观念，一般来说，可以适当地多吃大枣、阿胶等来养血、活血。

五个阶段看女性的生命周期

现代学者将女性的生命周期按年龄划分为五个阶段，希望女性朋友根据自身的情况来细心呵护自己，让身体更健康！

第一阶段——10～20岁：这个年龄段的女性，正是长个子的阶段，要特别重视骨骼的生长。建议，可以多吃含钙高的食物，如鱼、虾、鸡蛋、豆制品和奶类等；多参加跳绳、游泳等体育运动。

第二阶段——20～30岁：这是女性乳房发育最为突出的阶段。建议，适量摄入富含蛋白质的食物，多做扩胸运动或俯卧撑；佩戴的文胸要松紧适当。

第三阶段——30～40岁：这时女性进入中年期，大多已结婚生育，所以要特别注意子宫等妇科方面的保健。建议，注意自己的月经是否正常；夫妻生活要以卫生为先；定期到医院做宫颈的防癌检查。

第四阶段——40～60岁：这时期的女性开始慢慢步入更年期和衰老期，要注意的是心脏和血压是否健康正常。女性一般会在45岁左右出现绝经，此后会伴随更年期而出现很多不舒服的表现，如烦躁、出汗多等。建议，更年期的女性要注重心态的调节，可以多参加集体娱乐活动，定期测量血压是否正常。

第五阶段——60岁以上：这时期的女性开始走向衰老，身体的各项机能下降。建议，饮食以清淡为佳，多食蛋、奶、豆制品、水果和蔬菜等，此外做慢跑、太极拳等适宜的运动。也可以通过多读书、看报、写字等来锻炼脑力。

一天中养生的焦点时刻

一天之中，养生的"焦点时刻"应该是三间——晨间、午间和晚间。

晨间养生

一日之计在于晨，我国古代养生家大多主张晨间应早起，但根据现代生活夜间普遍晚睡的特点，一般以6时左右起床为宜。起床忌过急，如匆忙地穿衣、洗漱，狼吞虎咽地吃早餐等， 这种快节奏会使休息了一夜的身体难以马上适应，久而久之，容易引起身体机能的紊乱，甚至是疾病的发生。

要做到晨间养生，可以在早晨睡醒后再躺一会儿，逐渐地加快节奏，做好上班后应付繁重任务的准备。起床后的第一件事最好是吐故纳新，即养成先大小便的习惯；此外起床后要立即开窗换气；饮一杯白开水或淡盐水；如果时间充裕，可以到附近的公园、树林等空气清新的地方散散步，进行适宜的健身活动。

早餐不仅一定要吃，而且要吃得好一些，以满足上午繁重的工作或学习之需。

午间养生

午饭应该吃得丰盛、齐全一些。午饭后，应尽量抽时间休息一会儿或者打个盹儿，因为每天中午的1点左右也是一个睡眠高峰。有学者指出，午睡是维系健康、消除疲劳的良方之一，不仅可以补偿夜间的睡眠不足，还有利于下午和晚上的工作与学习。

晚间养生

晚间是"养生三间"中的重点，晚餐要能吃上较可口的饭菜，荤素搭配应合理，不过老年人和心血管疾病患者，晚餐尽多吃素食。进餐时要轻松愉快，不要讲不愉快的事情。饭后不要总坐在家里看电视，也可以丰富一下夜生活，如到外面散步、谈心或听听音乐、唱卡拉OK等。就寝时间最好不要超过晚上10—11点。

这三个养生的焦点时刻，您都注意了吗？呵护家人健康，赶快行动起来吧！

人体高潮期、低潮期和临界期

经过科学家研究表明，人的体力循环周期为23天，情绪循环周期为28天，智力循环周期为33天。每个周期从周期日开始，然后进入高潮期，随后是临界日，最后进入低潮期，再由周期日重新开始。

周期日

每个周期开始的这一天，由于人体处于转换之中，虽然思维活跃，但是容易身心起伏不定，盲目易动。

高潮期

人们的行为处于最佳状态，也是能量释放的阶段。

临界期

高潮期与低潮期相互转换的时期。此期间不能释放能量和积蓄能量，人体比较脆弱，生理变化剧烈，要特别注意调整，但是它不影响人的正常活动和生活。值得注意的是，有时候会出现两个或三个周期的临界日相重叠或接近的现象，这会给人体带来更多的不良影响，比如决策失误、言行不当、反应迟钝、行车事故等发生的概率将会明显增多。因此，国际上称双临界和三临界为"危险期"。

低潮期

这一时期中人们容易体力下降、情绪低落等，但是低潮期同时也是能量蓄积的补充阶段。

日常生活中，对周期日、高潮期、临界期和低潮期的应用

每个个体都存在不可逆转的生命规律，它有让人处于最佳状态的阶段，同时也有让人苦恼的阶段。面对这些规律，人的心理状态如何调节也非常重要。

处于高潮期时，好好利用，会事半功倍，但若是盲目乐观，反而会常因麻痹大意而发生意外；处于低潮期时，不必过于紧张，紧张会使工作、学习等效率进一步下降，只要适当休息和锻炼、注意多摄入营养，劳逸结合，就可以有所改善。在家庭生活中，大家应该参考各自的生物节律，避免在情绪临界日发生争吵。

准备要宝宝的夫妻更应注意彼此的生物节律周期。要想生下优质的宝宝，妻子的受精日期最好是夫妻双方智力、体力和情绪的节律都处在高潮期。若夫妻双方的体力节律基本同步，则多可怀上先天好体质的宝宝；若夫妻双方的智力节律基本同步，怀上的宝宝则大多智商较高。

测算自己的生物节律

生物钟具有准确的时间性，我们用数学公式就能大致计算出每个人在任何一天的生理情况。学会测算自己的生物节律，有助于合理地安排自己的学习、工作和生活。

测算公式及方法

首先，测算人体生物钟必须要用"公历生日"。

公式是：（测定年－出生年）×365＋闰年数－（1月1日至生日天数）＋（1月1日至测定天数）。

这样得出来的结果数即是经历总天数，再分别除以23天、28天、33天，所得余数即分别是体力、情绪、智力三个节律情况。要注意的是，闰年数是指从出生到测试年过程中经历了几个闰年，就是几。

最后看余数对照下表：

体力节律余数等于0	余数小于12	余数等于12	余数大于12
情绪节律余数等于0	余数小于14	余数等于14	余数大于14
智力节律余数等于0	余数小于17	余数等于17	余数大于17

下面来举例说明一下：甲某生于1964年7月23日，测1993年3月3日三个节律情况。

这个人1964年出生至1993年，经历了1964、1968、1972、1976、1980、1984、1988、1992共8个闰年，因此闰年数为8。

代入公式：

（1993－1964）×365＋8－[31天（1月）＋29天（2月）＋31天（3月）＋30天（4月）＋31天（5月）＋30天（6月）＋23天（7月）]＋[31天（1月）＋28天（2月）＋3天（3月）]＝29×365＋8－205＋62＝10 450（天）

10 450÷23＝454……8（天）

10 450÷28＝383……6（天）

10 450÷33＝316……2（天）

那么参照余数对照表，此人从测试的这一天开始，体力处在高潮期第8天，情绪处在高潮期的第6天，智力处在高潮期第2天。

如果体力、情绪、智力中有两个低潮期和一个临界日，或者有两个或三个临界日，均为危险期。懂得了这些，从现在开始好好爱自己，根据生物节律来帮助自己处于最佳状态吧！

生物钟里的五个 "魔鬼时刻"

随着人们对健康的越来越关注，国内外学者对人类健康的研究高度也逐步上升。经过研究发现，人的生物钟里，几乎每天、每月、每年都存在着危险期，也有人将其称之为可怕的"魔鬼时刻"。

一天之中早晨最危险

在黎明时分，人的血压、体温变低，血液流动缓慢，血液较浓稠，容易发生缺血性脑中风。此外，心脏病、哮喘、肺气肿、癌症等也容易在这个时候作祟。据调查显示，每天的死亡人数中，有60%的人是死于凌晨。建议，定期体检，适当增加运动量以提高心肺功能，保持充足的睡眠。

一周之中周一最危险

在休息了两天之后，当我们的身体开始工作时，身体里的疾病也同时开工了。有医学专家证明，星期一的中风患者最多，而星期天最低。同时，星期一也是心脑血管病人的危险时期，其发病死亡率比其他几天高出40%。建议，要注意说话含混不清、身体麻痹等疑似中风的前兆，如果头

部出现剧烈的疼痛要马上就医，这有可能是出血性中风，千万不要大意。如果家中有老人也最好不要安排在周一出远门。

一月之中农历月中最危险

月亮的阴晴圆缺会导致其引力的变化，影响着我们身体的体液。在农历月中满月的时候，人体的血压会变低，血管内外的压力差变大，很多人会感到紧张和烦躁，此外，有痛风和哮喘的个案会在满月时上升。建议，尽量避免做让自己高度紧张的事情，适当做些能够释放压力的活动，如散步、打球等。

一生之中中年最危险

无论男人、女人，中年都是一生中最危险的时段。人到中年，生理状况开始走向低谷，再加上家庭、工作、人际关系等种种负担，常导致中年人心力交瘁。建议，不要刻意去从事一些年轻时游刃有余的活动，以免伤害身体；定期检查身体，适当补充身体缺乏的营养素；注意休息、适当锻炼，提高自身下降的免疫力。

第二章

四季生物钟：破译春夏秋冬美容密码

BIOLOGICAL CIOCK

早喝粥，午吃薯，晚食果

　　和每个人都有专属的生物钟一样，食物们也有自己的生物钟。在万物苏醒的春天，按照"早喝粥，午吃薯，晚食果"的原则吃东西，不仅能充分享受美味，还能吸收到更多营养，美容养生两不误。

早喝粥

　　女人养颜要从养肝开始。春季，脏器的活动开始频繁，正是养肝的好季节，而喝粥正好能养护肝脏。虽然一日三餐都能喝粥，但最佳的时间是早上。起床之后，一般胃口不太好，食欲不佳，这时喝碗热粥，能利于消化。如果用切碎的蔬菜、一个鸡蛋或是肉末等食材与米粒同煮，绝对会提升营养值。

　　美容食谱：什锦蔬菜粥。大米加适量清水煮开，加香菇丝和胡萝卜丝；改用小火煮至米粒黏稠，放入余烫过的西兰花和打散的鸡蛋液；煮开后加盐和香油调味即可。

午吃薯

薯类含有丰富的矿物质元素和多种维生素，对女性有延缓衰老的作用，尤其是红薯，能保护肠胃，清毒化热。经过上午紧张的工作或学习，从早餐中获得的能量和营养被不断消耗，需要及时补充体力，因此午餐最好吃些红薯、白薯等薯类食物替代部分主食。它们可以使下午的精力更加充沛。但是，薯类食物不要饭后吃，一来容易吃得太饱，二来会影响营养吸收。

美容食谱：咖喱土豆泥。将洗净的土豆蒸熟去皮，做成土豆泥；咖喱块放入锅中加适量清水融化，再放入土豆泥拌匀。

晚食果

水果对女人护肤、美白的意义十分重要，春天气候干燥，吃对水果，既能补水，又能补充维生素，让你由内而外变漂亮。晚餐是需要严格控制好热量的一餐，否则极易长胖，还会为慢性疾病埋下隐患，建议晚餐适量吃些水果。水果热量低，平均热量仅为同等重量面食的1/4。用餐时，先吃些酸味水果，可以解油腻、助消化。先吃水果，比较容易把握一顿饭的总热量摄入量。但要注意，临睡前不要吃水果，不然饱胀感会影响睡眠。

美容食谱：酸奶水果沙拉。根据个人喜欢的口味选择3~5种应季水果切块，加些酸奶、少许盐，搅拌均匀即可。

多吃甜，少吃酸

春天一到，很多人都会觉得燥热、乏力、没有什么食欲。中医建议春养肝，因为春天在五行中属木，肝在人体的五脏之中也属木，在春天，肝气容易旺盛而升发。自古就有春天要"省酸增甘"的说法，这是因为"酸入肝"，如果此时多吃酸，无异于"火上浇油"了。而"甘入脾"，春天多吃点甘味的食物，就可以增强脾的作用，使之免受肝气的侵犯，有益于春季的养生。

吃甜有讲究

"甘入脾"，吃甜的食物可以补气养血、调理脾胃，但是，如果你认为有甜味的食物都属于"甘"那就错了，这里所说的甜，是指中医认

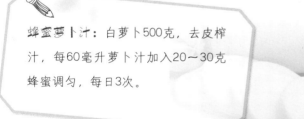

蜂蜜萝卜汁：白萝卜500克，去皮榨汁，每60毫升萝卜汁加入20～30克蜂蜜调匀，每日3次。

为的一些有天然甜味或有"回甜"的食物，像南瓜、五谷杂粮，除此还有红薯、山药、芋头、黄豆、甘蓝、菠菜、胡萝卜、土豆、香菇、栗子、桂圆、黑木耳等等。另外，我国的北方地区春季比较干燥，很多人容易出现上火的症状，如喉痛、便秘……这时可以多吃些梨、蜂蜜、百

合、冰糖、甘蔗、白萝卜等食物，有一定的缓解作用。下面介绍几款适宜春季养生的甜食做法。

蜂蜜萝卜汁：白萝卜500克，去皮榨汁，每60毫升萝卜汁加入20～30克蜂蜜调匀，每日3次。

蜜饯雪梨：雪梨500克，清洗干净，去掉果柄和果核，锅中加适量水后放入雪梨煮至七成熟后，加入蜂蜜250克（如水将耗干可适量添水），再以小火煮至熟透，收汁即可。

蔗浆大米粥：甘蔗500克，去皮后切段榨成汁，大米60克煮粥，米熟后倒入甘蔗汁60毫升，再次煮沸即可。

百合莲子粥：准备干百合、莲子和冰糖各30克，大米100克。将莲子洗净后放入水中泡发，百合、大米洗净后与泡发过的莲子一同放入锅中，加适量水，旺火烧开后，改小火熬煮，快熟时加入冰糖，稍煮即可。

当然，多吃甜也不代表要过量食用，否则会引起血糖升高、胆固醇增加，还可能造成体内钙的流失等。

少食酸非不食酸

有人认为，既然在春天吃酸有弊端、吃甜又有那么多的好处，就干脆拒绝吃酸的东西，这是不正确的。这里的"少吃酸"而非"不吃酸"，因为酸入肝，吃酸不但可以开胃更可以护肝，像木瓜、菠萝、梅子等都可以适当吃些，只要不过量食用就好。

保持内裤干燥很重要

很多人认为，春天虽好，但也是个"多事之春"。因为春季是细菌活跃的时期，加之这个时期的人体生物钟容易紊乱，易于被细菌入侵，所以春季是女性妇科病的高发时期。

春季容易引发妇科病

盆腔炎：女性的内生殖器及其周围的结缔组织、盆腔腹膜发生炎症时，都被称为盆腔炎，分为急性和慢性两种。盆腔炎包括急性盆腔炎、慢性盆腔炎、输卵管炎、急性子宫内膜炎、慢性子宫内膜炎、急性附件炎、慢性附件炎、盆腔结缔组织炎、盆腔腹膜炎等，是由在宫颈管内生长的细菌微生物进入子宫内膜和输卵管等引起的。如不及时治疗，容易从急性盆腔炎变成慢性盆腔炎，患者有头晕、失眠、烦躁抑郁、下腹坠胀等不适感，慢性盆腔炎还会导致例假紊乱，甚至诱发不孕不育。

阴道炎：是阴道黏膜以及黏膜下结缔组织的炎症。分为滴虫性阴道炎、细菌性阴道炎、霉菌性阴道炎、非特异性阴道炎和老年性阴道炎。一般来说，女性阴道的结构特点是可以对病原体的入侵进行天然防御的，不易出现炎症。但是在春季，阴道的自然

防御功能容易受到破坏，这就给细菌的侵入带来了可乘之机，从而使阴道炎发生的概率上升。阴道炎如果得不到根治，很可能并发尿道、膀胱等炎症，还会引起早产、胎儿畸形甚至是不孕症。

宫颈炎：正常情况下，宫颈具有多种防御功能，可以阻止病原微生物进入子宫、输卵管以及卵巢。但是宫颈也容易受到损伤，如遇抵抗力减弱或春季人体抵抗力下降时，女性就很容易得此病。宫颈炎也有急性和慢性两种，急性宫颈炎不及时治疗就会发展成慢性宫颈炎，又称宫颈糜烂，表现为白带增多、尿频、痛经、下腹和腰部酸胀等。

抵御细菌，保持内裤的干燥很重要

综上所述，妇科疾病多是由于细菌大量入侵，自身的抵抗能力下降引起的。春天气温开始回暖，空气中的水分增多，特别是南方的潮湿、闷热的气候给细菌提供了生长的环境。除了天气好时要多晒晒被褥和衣服外，女士们更要注意自己的个人卫生，特别是贴身的内裤一定要保持干爽，最好在通风透气的地方晾晒，避免细菌滋长。此外，尽量不穿紧身的裤子，也不要长时间使用卫生护垫。为了避免妇科疾病的困扰，女士们快快行动起来吧！

养肝是重点，也不能忘了养阴

中医讲究"天人合一"。春天是阳气生发的季节，而肝主疏泄、生发，在春季养肝可以起到事半功倍的效果。《内经·素问·四气调神大论》中说："逆春气则少阳不生，肝气内变。"意思是说，若违背了春天之气没有好好养生，体内的阳气不能生长，就要发生肝气郁结的病变。但是，这个季节阳气生发、生机盎然，也容易肝气过旺，对脾胃产生不良影响，出现消化不良和上火等症状。因此，在春季养阴可以平衡阳气过盛对身体的伤害。

不问医、不吃药，春季养肝有诀窍

肝脏是人体最重要的代谢中心，春季自然界的各种致病微生物也开始复苏，肝脏的负担故而加重，导致人体代谢紊乱，加之肝火的旺盛，很容易使皮肤干燥、无华等。那么，我们怎样在春季养护好肝脏呢？

首先，保持心情舒畅。情绪与肝脏疾病的关系密切，现代医学认为，当人情绪低落时，容易使肾上腺素分泌异常，导致气机紊乱，影响血液运行，从而损害机体的主要器官肝脏。要学会制怒，尽量心平气和，从而使肝火熄灭。否则怒伤肝气，久而久之，会导致肝病或加重原有的肝病。

其次，注意休息，避免过度劳累。春天人们容易疲乏困倦。《黄帝内经》中记载："人卧血归于肝。"这就是说充足的睡眠和适当的休息能增加肝血的流量。现代医学也已经证实睡眠时进入肝脏的血量是站立时的7倍，所以我们要保证每天至少8小时的睡眠时间。

第三，饮食调养。春天要多吃蔬菜，如豆芽、莴笋、芹菜、菠菜等，既能补充维生素，还能清燥热。中医认为，大枣、山药等最适宜在春季食用，可以健脾养肝、滋肺益气。另外，葱和韭菜可以起到补充阳气，增强肝和脾胃的作用。

第四，保持适量运动。春暖花开的季节，建议大家走进大自然，吸收春天的勃勃气息，活动一下肢体，帮助肝气的生发。

春天养阴不妨从饮食开始

进入春天，天气的冷暖变化无常，很容易引起感冒、咳嗽等呼吸道疾病，所以养肝的同时也不要忽略了养阴润肺。下面推荐两款春季有助于养阴的食谱。

萝卜饮：准备一只红皮萝卜，洗净切碎后加入麦芽糖2～3匙，放置一夜所得萝卜糖水在饭后服用；此方具有止咳化痰的功效。

杏仁粥：锅中放入淘洗干净的50克粳米，准备10克甜杏仁去皮，研成泥状后放入锅中，加适量水煮沸，再改慢火煮烂即可。宜温热时服用，可作早、晚餐日服2次。此方具有止咳平喘的功效，健康人也可常食以预防疾病、强身健体。

从"早睡早起"过渡到"晚睡早起"

　　睡眠是人体维系生命的重要环节，它可以帮助人体消除疲劳、恢复体力、保护大脑、促进生长发育，尤其有利于美容护肤。而失眠不仅会困扰人们的日常工作和生活，还会带来诸多身体上的伤害，如免疫力下降、记忆力减退、头昏脑胀、神经衰弱等等，长此以往会引发高血压、高血脂、心脏病等症。要想提高睡眠质量，除了睡前放松心情外，还要顺应自然的规律。人们一般只知道要"早睡早起"，其实，在不同的季节还要作出适当的睡眠调整，如在春季就最好能"晚睡早起"。

春天要"晚睡早起"

　　春天，阳气开始复苏，昼夜的时长发生变化，白天长，夜晚到得应晚一些。我们对待自己的身体也要像对待初生的事物一样，顺应春天的规律去让它生长。我们也要早一点起床，晚一点睡觉。但是也不要晚于晚上11点睡觉，不要早于凌晨4点半起床。最好保证每天晚上7～8个小时的睡眠。这个时候，女孩子们就不要把头发扎得紧紧的了，松开头发会情志舒展、充满生机。

春天赖床，有扰健康

春天早起，吸收太阳光带来的阳气，可以让身体经过一个冬天所累积的寒湿之气散发掉。如果这时还像冬天一样赖床则会对健康产生负面的影响。

大脑供血不足：大脑皮质在睡眠过程中是处于抑制状态的，如果赖床，就会造成其长时间的抑制，导致大脑的供血不足。人们在春天赖床后容易觉得头昏脑涨，没什么精神。

消化不良：由于赖床而耽误或错过了吃早餐，会对胃肠的功能不利，还会影响人的排泄功能，容易便秘。

影响泌尿系统健康：我们都知道，早起的第一件事最好是排除身体多余水分。由于赖在床上不起，导致尿液长时间滞留在体内，会使其中的有毒物质侵害身体的健康。

破坏人体生物钟规律：只有遵循生物钟的昼夜规律，我们才会在白天精力充沛，在夜晚安稳地睡眠。打乱了这种规律，那后果就可想而知了。

几个小妙招帮助口腔"灭火"

春季多风干燥，出现上火症状者比比皆是。火气会使人体内水分消耗迅速，导致口干舌燥，人也容易感觉紧张、疲倦。其中出现频率最多的症状就是口腔溃疡和嘴角干裂出血。这不仅使人感到不舒服，而且更会影响脸部的美观。口腔专家建议，这些由上火引起的症状除了多饮水、保持口腔卫生、积极调理情绪外，还要注意在饮食上应清淡些。

治疗口腔溃疡的几个妙方

口腔溃疡是一种口腔黏膜疾病，多是由于人体内火气过旺、水分流失导致的。大小从米粒至黄豆大小，溃疡面下凹，周围充血，发作时比较疼痛，一般一段时间后可自愈。为了避免疼痛又不影响美观，下面就介绍几个小方法，来加快溃疡的愈合。

维生素C片：取维生素C 药片适量，挤压成面，把药面涂在"口疮"患处，维生素C有抗病毒、提高免疫力的作用。一两次就有效，还会对涂抹处的肌肤起到滋润、养护的作用。

云南白药：云南白药可以解毒消肿，用其涂抹患处，连续3天可痊愈。

苹果疗法：取1个苹果(也可用梨代替)，削片放至锅内，加入清水(没过苹果)，煮沸，放置稍凉后同酒一起含在口中

片刻再食用。

葱白皮：用刀子从葱白外削下一层薄皮，把有汁液的一面向里粘于患处，一天2～3次，连续3～4天后可痊愈。

蜂蜜：晚饭漱口后，用一勺原汁蜂蜜敷于溃疡面处，含1～2分钟后再咽下，能消炎止痛、促进细胞再生。连续两天基本可愈。此外，蜂蜜还会滋润溃疡处的皮肤。

吃栗子：常食生栗子，可治口腔溃疡。

木耳疗法：用黑木耳、白木耳、山楂各10克，水煎熟后，喝汤吃木耳，每日1～2次。

可可疗法：将可可粉和蜂蜜加少量水调成糊状，含咽，每日数次，可治口腔发炎及溃疡。

治疗嘴角干裂的小妙招

嘴角干裂或糜烂时，首先要多喝水，也可以冲一些菊花、金银花、薄荷等清热去火的茶水来喝。服用维生素B_2，或者多吃含有维生素B_2的食物，如动物的肝脏、牛肉、蛋类、菠菜、花生、油菜、木耳等。但是要少吃火锅，因为火锅加热时间较长，很容易破坏蔬菜里的维生素B_2成分；此外还要少吃油炸类的高热量食物。

解决春困的好方法在于午休时长

由冬天进入春天后，随着气温的升高，人体的血管、毛孔等开始舒张，皮肤的血液循环活跃起来，供给大脑的血液自然就会较少，因而人们在春天就会感到困倦嗜睡。这是季节变换中人体的正常生理变化，但也有一些则是疾病的表现。其实，最好解决春困的方法就是适时的午休。

怎样午休才健康

避免午饭后就立即睡觉。午饭大家总是吃得饱饱的，如果吃饭后就午睡，人会感觉到不舒服，因为这样会容易使食物反流，严重的甚至还会诱发反流性食管炎。午休最好是在饭后20分钟左右。

不要伏案午睡。伏案睡觉不但会压迫胸部、影响呼吸，还会影响血液循环和神经传导，也会造成对眼睛的伤害。因为伏案睡觉时，眼球被压迫，容易引起眼角膜变形使视力受损，所以最好到床上平卧。

午睡的时间不宜过长。

一般午睡的时间，十几分钟就可以了，最长也不宜超过一个小时。

用感官刺激解决春困

视觉刺激：保持周围环境的明亮、整洁，可以放置一盆鲜花或者养几条鱼在鱼缸里。假期里可以到山清水秀的地方踏青，缓解疲劳。

嗅觉刺激：可以随身携带清凉油、藿香水等物品，工作或学习疲倦时，拿出来闻一闻，促使神经减轻"困"感。

味觉刺激：适当饮用些春茶，可以提神醒脑。

温度刺激：早春时期，人体血管和毛孔渐渐扩张，这时不要着急减衣物，仍需注意防寒保暖，"捂一捂"可以增强体温的调节功能，从而减轻春困。

娱乐刺激：听音乐、相声，看看喜剧片等都可以令人神经兴奋，会很快消除疲劳。

"春捂"应对倒春寒

不知何时开始，人们逐渐以"穿得少"和"露得多"为美。随着春天的来临，"捂"了一冬的"美眉"们，开始迫不及待地甩掉臃肿的棉袄、羽绒服，穿上美丽的单衣，秀出诱人的身材了。但是，俗话说，春天就像小孩子的脸，说变就变。初春时节早晚还是比较寒冷的，一旦遇上冷空气来袭，穿着单衣的身体可能会一下子受不了，容易感冒、发热。因此，女士们最好还是学会忍耐一下，不要过早换上单薄的衣物。

什么是倒春寒

倒春寒是指刚刚进入春天，气温回升得较快，但是在春季的后期，气温较正常年份偏低，或者初春时期气候多变，如遇冷空气就会气温猛降的天气现象。其形成原因是3月前后的初春，正是由冬季风转变成夏

季风的时期，常有间歇性的冷空气侵袭，形成低温的阴雨天气。老人常说"春捂秋冻"是非常有道理的。

乍暖还寒，还要"捂一捂"

虽然知道春天已经来了，但并不代表气候就会马上变暖起来，还有早晚的温差和寒流的侵入需留意。如果减衣过骤，很容易感染伤寒、霍乱等疾病，所以，初春季节"捂一捂"吧！其实"春捂"还是讲究"上薄下厚"的。因为"寒从脚下起"，下肢比上半身更容易受到寒气的侵袭，所以鞋和裤子要适当保暖。此外，随着春天的到来，因为很多北方的家庭不再供暖，早晚还是比较冷的，所以冬天盖的棉被也不要着急换成薄被，以免寒气入侵体内，导致伤寒等疾病。

附：春季美容小常识

　　季节不同，护肤的要求也有所不同。春天是修复肌肤问题、延缓衰老的好时节，"美眉"们可要抓紧时机让自己更加美丽哦。下面这些春季美容的小常识，赶快学起来吧！

　　1. 春天气候比较干燥，"美眉"们可以随时携带一支保湿喷雾，特别是长时间工作在电脑前的"美眉"们，更需随时补充皮肤的水分，不给细纹涌现的机会。

　　2. 春季湿度较高，皮肤油脂分泌会比较旺盛，要尽量避免使用油分较多的护肤品，否则会堵塞毛孔，长出痘痘。少用含碱量高的洗脸皂，尽量使用弱酸性洗面奶（有丰富泡沫的那种），它们的pH值与皮肤接近，比较温和不会伤害肌肤。

　　3. 不要相信速效美白的神话，真正能看出美白效果的护肤品一般需要45～60天的时间，没有用到两个月的时候不要怀疑美白产品的功效。

　　4. 敷保湿面膜时，最好在浴后有蒸汽的浴室里，因为有蒸汽的帮忙，有助于肌肤吸收面膜中的营养成分。

　　5. 要注意在水中更容易晒伤的问题。春天来临，喜

欢外出戏水或潜水的"美眉"们，需要使用防水且防晒系数较高的防晒护肤品。

6. 上午10点至下午2点是阳光中紫外线最强的时候，如果不能避免外出，一定不要忘了给肌肤隔离防晒哦！

7. 如果肌肤因为晒伤而发红，可以用冰过的西瓜皮和去皮的芦荟肉敷在皮肤上，能温润皮肤，还有消炎和清爽的功效。

8. 想自制天然美白品的"美眉"们注意了，用白果、草果各100克（中药店有售），黑豆50克，研细后（一般中药店可以给研磨）均分成30份，每天早晨洗脸时，取一份搅入水中使用。连续使用1~2个月，可以使皮肤白嫩。

9. 日常的饮食美容更是护肤的根本，比如西红柿可以抗衰老；芝麻可以补肝益肾、养血润燥，有乌发润泽、嫩白肌肤的功效；胡萝卜可以清热解毒、补中安胎，可治皮肤干燥、黑头和粉刺等。

10. 把干的玫瑰花浸泡在热水里，冷却后，滴入几滴橄榄油，经常用来搽脸可以让肌肤保持光滑莹润。

夏天抓紧时间祛除体内湿气

湿气是因为人体内的水分调控失衡，水分排不出体外造成的。湿气过重的话会让人出现四肢酸痛、头昏脑胀、没有食欲、手脚冰冷、关节屈伸不利、大便溏泻等症状，更容易让人面色萎黄，影响美观。脂肪肝、哮喘、心脑血管等疾病也都跟湿邪有关。正常情况下，人体对外界的湿度和温度变化有着调节的能力，但是由于个人体质或生活习惯的影响，比如夏季贪吃生冷寒凉的食物、长时间待在有空调的室内等都会导致体内湿邪的堆积，对人体造成伤害。

酷暑时节，人们爱喝冷饮、吃凉菜，殊不知，一杯冷饮下肚后，从里到外凉快的同时也将湿邪埋在了体内，成为影响健康的一大隐患。古书上写道："千寒易除，一湿难

去。湿性黏浊，如油入面。"在"风、寒、暑、湿、燥、火"中，医生最怕湿邪。我们要注意平时的生活习惯，尽量避免与湿邪碰撞。若一旦体内染上湿气，也不要过于担忧，按照科学的方法治疗，持之以恒，总会赶走那恼人的湿邪的。

夏季祛湿从日常细节做起

饮食要清淡。避免食用油腻、生冷的食物。多食用消热利湿的食

物，可以使体内的湿热从小便排出，如绿豆粥、荷叶粥等。

运动排汗。坚持适量的运动，可以活络身体器官运行，加速湿气的排出。跑步、游泳、瑜伽、太极等都是不错的选择。尽量不要开空调、风扇、让体内的汗排出来。

避免外感湿邪。夏季的雨天比较多，要及时避雨，不要觉得无所谓。万一被淋，回家后饮用一些热的姜糖水，及时换掉汗潮的衣服；在阳光好的天气别忘了拿出衣被晾晒。

改善居住环境。夏季的艳阳天时，我们打开窗户通通风，让阳光扫进室内，这是对的；但是阴雨天或雾天时就要少开窗了。经常利用空调的抽湿功能，保证室内的湿度不高于60%。

有助祛湿的药膳

生活中，很多食物都有祛湿的功效，下面我们就介绍两款能够帮助祛湿的粥品做法。

清热祛湿粥：赤小豆30克，白扁豆、薏苡仁、木棉花、芡实各20克，灯芯花、川萆薢各10克，赤茯苓15克。将川萆薢、赤茯苓、木棉花、灯芯花洗净水煎出2碗，留汁去渣，加入赤小豆、白扁豆、薏苡仁、芡实同煮成粥。温热服食。此方可以清热祛湿，因暑热而引起的小便不利，胃滞不适，腹胀脘闷等症者可多服用。但是，大便干结者不宜用此方。

绿豆百合米仁粥：绿豆30克，鲜百合30克，米仁50克，粳米100克，冰糖80克。将米仁、绿豆、粳米漂洗后浸泡20分钟；百合洗净切小片；在开水锅中放入绿豆和米仁，烧开数分钟后改用小火煮至开花；加入粳米和百合，煮成粥后放入冰糖即可。这是夏季健脾通便祛湿的典型食疗粥方。

凉茶不适合所有人喝

炎热的夏季，很多人都喜欢喝上一大杯凉茶。凉茶都有一定的清热功效，比如苦丁茶可以清热解毒、凉散风热；桑菊茶可以清肝明目、疏风散热；菊花茶可以清热解毒、凉血消暑；下火王茶可以泻火解毒、凉血利咽等。夏天喝凉茶虽然益处较多，但也不是所有人都适宜。

哪些人不适宜喝凉茶

苦夏的人不宜喝凉茶。中医认为，夏天人的汗液分泌较多，阳气也会随着汗液外泄，凉茶属于苦寒类的饮品，喝多容易伤到脾胃。苦夏的人本来就脾胃虚弱，因此不适宜喝凉茶。

月经期和产后的女性不宜喝凉茶。由于女性月经期和产后身体比较虚弱，寒凉的刺激会导致血流滞缓，形成血瘀，容易引起痛经、月经不调甚至大出血等症状，不宜喝凉茶。

阳虚的人不宜喝凉茶。阳虚的人，症状怕冷、四肢发凉、大便稀、

小便清长等，让这些人喝凉茶无异于"雪上加霜"了。

儿童和老年人不宜喝凉茶。随着岁月的流逝，老人的阳气逐渐减弱，会因为寒凉的刺激引起消化系统的疾病。儿童虽是纯阳的体质，但脾胃调节功能还处在建立和完善的阶段，对于寒凉的刺激不能及时调整，故容易影响脾胃的消化吸收。

食用凉茶的注意事项

凉茶无疑是夏天的祛暑佳品，但是盲目饮用，不但有碍凉茶功效的发挥，还会有适得其反的后果。

首先，凉茶的煎煮不要超过三分钟。因为凉茶多用植物的花和叶为原材料，所以煎煮的时间不宜过长，否则会将有效成分挥发掉。同时，凉茶反复冲泡的次数也不要超过三次。

其次，喝凉茶不要连续超过三天。凉茶属于中药饮品，不适宜每天饮用，否则容易出现胃疼、拉肚子等不良反应。

第三，根据不同的"火"来选择不同的凉茶。凉茶的种类繁多，不同的成分其针对性也不同。比如蒲公英适用于头疼发热，荷叶可以解暑、降脂降压，薄荷可以清热通便等，大家可以根据自身的情况有选择性的饮用。

养心防暑，就要吃"苦"

中医的五行论中，夏季所对应的脏腑为"心"，所以夏季养心是一年中养生的关键。夏季属火，人们容易心火旺盛，而苦入心，在夏天多吃苦味的食物有助于清心火来养心，还可以达到刺激脾胃消化功能、增强食欲的效果。除了养护心脏，平时还要注重心情

神志的调整，保持内心的平静与豁达，这样才能达到养心的最佳效果。

吃点"苦"，有助于排毒美容

说到苦味的食物，大家可能会想到苦瓜、苦丁茶等吃起来苦的食物，其实中医讲究的"苦"是指其性味偏苦。下面就来了解一下，生活中哪些食物可以帮助我们排毒养颜。

苦瓜：性寒味苦。有清心明目、益气壮阳、降邪热的功效。现代医学研究发现，苦瓜含有一种活性蛋白质，能增强皮肤、毛发等结构组织的活力；其丰富的维生素C，能抵制黑色素生成，达到美白的作用。

莴笋：性寒苦甘。有清热化痰、利气宽胸、泻火解毒的功效。莴笋含有少量的碘元素，经常食用有助于消除紧张，帮助睡眠。

芹菜：性苦甘、微寒。有清热利湿、平肝凉血的作用。对于咳嗽痰

多、眼肿、牙痛者有辅助治疗的作用。此外，芹菜汁对高血压、心脏病、冠状动脉硬化等都有一定的疗效。

苦丁茶：有清热解毒、止咳化痰、提神醒脑、降血脂、降胆固醇、减肥、防癌、抗辐射等多种功效。

丝瓜：性苦甘，微寒。有清热化痰的作用。丝瓜中含有B族维生素，可以防止皮肤的老化，其所含的维生素C等成分，能够消除斑块，

使皮肤洁白、细嫩，是不可多得的美容佳品。

莲子心：性苦寒。有清心去热、涩精、止血、止渴的功效。饮用莲子心茶，可以治疗心衰、心烦、口渴、便秘等。

宁神养心——年轻的法宝

夏季气温过高，人体机能的免疫功能下降，很容易出现心律失常、血压升高的情况。这时情绪也容易激动，防治情绪起伏也是养心、预防疾病的好办法。清心寡欲、闭目养神都有利于平息浮躁的心情。这时完全可以听听优美的音乐、看看唯美的图片等。此外，睡眠也有利于心神的宁静。"笑一笑，十年少。"笑可以使精神愉悦，最能改善情绪。

只在有太阳的时候防晒是大错

炎炎夏日，爱美的"美眉"们最关心的护肤问题莫过于防晒了。其实，一年四季都要防晒，夏季尤甚。这样才能延缓皮肤的衰老，避免色斑、皱纹的生成。那么防晒都有哪些学问呢，是不是在有阳光的时候涂抹防晒霜出门就万事大吉了呢？为什么在夏天有些女士防晒霜、遮阳伞一样也没少，可是还是晒黑了不少呢？还没弄清楚这些问题的"美眉"们赶紧来看看吧！

认识紫外线，谨防UVA和UVB对肌肤的伤害

紫外线属于物理光学的一种，简称UV，除了自然界的紫外线还有人工的紫外线。自然界的紫外线光源是太阳，人工紫外线的光源有多种

气体的电弧，如高压汞弧、低压贡弧等。紫外线根据波长分为：短波紫外线（UVC）、中波紫外线(UVB)和长波紫外线(UVA)。

短波紫外线（UVC）：经过地球表面同温层时被臭氧层吸收，因此不能达到地球表面。

中波紫外线(UVB)：极大部分被皮肤表皮吸收，对皮肤可产生强烈的光损伤，长久照射，会使皮肤出现炎症、红斑等，严重者会引起皮肤癌。

长波紫外线(UVA)：此类紫外线对皮肤的穿透性远比中波紫外线强，并可对表皮部位的黑色素起作用，引起皮肤变黑。长波紫外线不会引起皮肤的急性炎症，可是长期积累，会导致皮肤老化和严重受损。

防止中波紫外线UVB的照射，可以防止紫外线带给皮肤的伤害；防止长波紫外线UVA的照射，可以避免皮肤晒黑。因此选择既能防UVA又能防UVB的防晒品才是最佳的。

防晒的误区，你中招了吗？

因为阳光中的紫外线，即使在阴天和雾天也是存在的，而且很多人工紫外线也在时时刻刻地威胁着我们肌肤的健康，所以千万不要认为防晒就是防阳光。还有人认为防晒用品的防晒指数越高，防晒效果越好。这也是错误的。因为防晒指数较高的防晒用品一般都容易使毛孔阻塞，不利于排汗，所以擦上后会感觉不舒服。正确的选择是，根据不同场合的不同要求来选择：日常生活中，SPF（防晒系数，Sun Protection Factor的英文缩写）值在8～12之间比较适宜；对日晒比较敏感的皮肤要选择SPF值在12～20之间为宜；如果是在野外郊游、户外游泳等，需要选择SPF值在30以上的防晒霜为宜。

上午10点，来杯中午茶

　　上午10点的这个时间，大脑的工作已经消耗了早餐所得能量的20%，这个时候适当吃点儿小吃、喝点茶是不错的选择。茶对我们身体的益处颇多，在夏天更是祛暑养颜的佳品。明代李时珍在《本草纲目》中说："茶苦而寒，阴中之阳，沉也降也，最能降火。"夏天出汗较多，很容易导致女性毛孔堵塞，脸上暗淡、长出痘痘，这时女性更适合喝一些清热解毒的茶。

炎炎夏季，上午来杯提神、美容的茶

　　绿茶：绿茶有延缓衰老、醒脑提神、美容护肤、利尿解乏、预防和治疗辐射伤害、预防和抗癌等多种作用。绿茶中含强效的抗氧化剂以及维生素C，可以清除体内的自由基，分泌对抗紧张的荷尔蒙。其所含的少量咖啡因可以刺激中枢神经，振奋精神。

　　乌龙茶：可以消除危害美容与健康的活性氧；能有效改善皮肤过敏；还可以瘦身，抗肿瘤。

　　白茶：白茶是很多地区夏季必备的茶品。可以防癌、抗癌、防暑、解毒、治牙痛，其退烧效果有时比抗生素还好。白茶除了含有其他茶叶固有的营养成分外，还含有人体所必需的活性酶，可以促进血糖平衡，其性寒凉，具有退热祛暑解毒之功。

金银花茶：能清热解毒，可以有效排除体内毒素，预防和抑制痘痘、暗疮的生长；能激活细胞的酶，有美白的作用；能凉血化瘀，促进细胞的新陈代谢，祛除各种色斑及黑斑；还能抵抗紫外线辐射，充分补水，可有效抵抗各种皱纹。可以说是夏季美容的佳品。

桂圆红枣枸杞茶：桂圆肉可增强记忆力，能有效避免脑力的衰退。对工作压力大、容易失眠或记忆减退的"美眉"们尤其适用，另外，这款茶还有减肥丰胸、安神补血、充实脑力的功效。

咖啡也是不错的选择，可以提神通便

咖啡除了可以提神醒脑、消除疲劳外，还可以促进人体的代谢，对皮肤有益。而且咖啡因能刺激胆囊收缩，减少胆固醇含量，从而有效抑制胆结石的形成。因此，上午小酌一杯咖啡也是既时尚又有益的选择。

需要注意的是，空腹时最好就不要饮用茶和咖啡了。因为饮品会直接进入腹腔，导致肠道吸收较多的咖啡因，会让人出现心慌、尿频等症状；普洱茶和红茶中的咖啡因含量比较高，对咖啡因敏感的人应尽量少喝，而且这类人在下午4点以后最好停止喝含咖啡因的饮品，以免影响晚上的睡眠，第二天出现黑眼圈可就不好看啦。

善待肠道的"四杯水"时刻

夏天容易排汗，是减肥的好季节。我们都知道减肥有窍门，那么在需要大量饮水的夏季，怎样饮水才能利于减肥呢？

清晨

早起，空腹时喝一大杯温开水益处多多！首先，可以洗涤肠胃，有助于肠胃蠕动和排便，对瘦身极有帮助。其次，补充水分。人体一个晚上大概会流失450毫升的水分，早起后处于一种生理的缺水状态，这时喝水可以及  时补充流失的水分。第三，清醒大脑。早起喝的水分会很快被吸收进血液，血液被稀释、黏稠度降低，从而促进血液的循环，这能让大脑迅速恢复清醒。最后，早起喝水可以帮助机体排除体内毒素，美容养颜。

午饭前

想要减肥的"美眉"们，可以尝试饭前饮用一杯清水，一方面可以增加饱意减少食量；另一方面还可以补充水分，加快身体的新陈代谢。

此外，午餐前喝一杯柠檬水，减肥效果更佳。柠檬具有较强的抗氧化性，能促进肌肤的新陈代谢，对减肥燃脂非常有效。但是饮用量每天不要超过1 000毫升。胃酸过多和胃溃疡者则不宜饮用。柠檬水的制作非常简单，自己就可以动手尝试：选用新鲜的柠檬，清洗一下，去掉头和尾部没有果肉的部分，然后切片，放入杯中，加凉开水（切忌不要加开水，否则会有酸苦味），一般一个柠檬加一升水就可以了，最后依据个人口味加入冰糖或蜂蜜即可。

下午茶

下午正是人们容易卷怠、饥饿的时候，如果这个时候吃东西，无异于是给坐了一天的上班族增加赘肉了。若这时适当饮用些花茶，如茉莉花茶、丁香花茶等，既能提神

又能控制食欲、增加饱腹感，同时茶还有消除疲劳、抗菌等作用。每天都喝下午茶，可以满足人们的健康需求，也为少吃一点晚饭做好准备。

晚餐

现如今多数家庭的晚餐比较丰盛，其实这并不是一种好现象，长此以往，不仅会引发身体的肥胖，还会影响身体的健康，导致一些疾病的发生。在晚餐前喝水可以增加饱腹感，还利于体内盐分的溶解，使身体不会因为摄入过度的盐分而导致缺水。另外，晚餐前后饮水，最好以蛋白质和蔬菜汁为主。这样不但可以降低对碳水化合物和糖分的摄取，还可以摄取纤维素、加速脂肪的排出。胡萝卜、芹菜、黄瓜、苹果、卷心菜等都是制作果蔬汁的好材料，用芹菜榨汁味道较浓，可以加半个苹果来提高口感。

补充维生素

　　夏天，人体消耗很大，随着汗液的排出，很多维生素如维生素C、B族维生素、钾、钙等也随之流失。要想提升能量，让自己活力十足，就不要忽略给身体及时补充维生素。

补充能量又美容的水果推荐

　　荔枝：富含丰富的维生素，可以提高肌肤的抗氧化能力，有祛斑、光洁皮肤的作用。此外，荔枝可以补养大脑，能有效改善失眠、神疲、健忘等症。

　　香蕉：食用鲜香蕉不仅可以给肌肤提供养分，还有收敛毛孔、祛皱的功效。香蕉富含钾质，可以帮助肌肉与神经恢复正常活动。另外，吃剩下的香蕉皮也别急着扔掉，用香蕉皮的内侧贴在脸部肌肤上，15分钟后清洗掉，可以让肌肤变得细滑有光泽。

　　橘子：是碳水化合物、糖分、纤维素、维生素C的混合体。能够快速给人体补充能量。丰富的维生素C可以起到美白的功效。

　　苹果：苹果含有

大量的水分、保湿因子，丰富的果酸、果胶和维生素C，常吃苹果可以对皮肤起到保湿作用，帮助排毒养颜，消除雀斑、黑斑等。此外，苹果具有"智慧果"的美称，常食可以增强记忆、提高智慧。因为苹果中富含锌，它是构成与记忆力相关的核酸和蛋白质必不可少的一种元素。

无花果：无花果富含硒元素和膳食纤维，可以排除体内重金属和毒素，从而达到美容的效果。此外，无花果含有多种丰富的维生素，能够促进消化，利咽消肿，降血脂、血压。

蓝莓：蓝莓能有效消除眼部的疲劳，让眼睛更明亮、更漂亮，还能补充人体所流失的糖分，同时可以降低胆固醇，改善消化问题。

夏季补充能量，小零食也能发挥威力

杏仁：杏仁富含维生素、蛋白质、膳食纤维和人体所需的微量元素等，是天然的补品，可以润肺、健胃，还是天然的抗癌物质。

面包：面包含有可供人体随时取用的碳水化合物，最适宜在两餐之间补充下降的体力。

燕麦片：燕麦片富含纤维，能减慢人体的消化过程，使血糖保持高水平，食后很长时间才会觉得饿。

胡桃仁：胡桃富含钙、铁、锌和蛋白质，可以很好地补充能量。同时能滋养脑细胞，增强脑功能，工作时吃一些胡桃仁可以缓解疲劳和压力。

防治冬季疾病就在酷暑进行

　　中医按照自然界变化对人体的影响，主张"冬病夏治"。冬天容易生发阳气虚弱的疾病，夏季人体的阳气旺盛，尤其是三伏天的时候，皮肤腠理开泄，贴敷药物时，药力更容易渗入穴位、经络，直达病处，达到治疗的效果。比如像哮喘病这样难治的疾病，在夏季增加中药外敷的治疗方法，可以显著地提高疗效、促进康复。女性要想焕发出美丽的神采，首先要有健康的体魄，趁着夏天到来之际，赶紧祛除积攒在体内的病邪吧！

困扰女性的寒疾，夏天不要放过

　　冬季最常见的就是寒性疾病，患者多为虚寒性体质，表现为手脚冰凉、怕风怕冷、畏寒喜暖等。寒气容易在人体内沉积，冬天治疗寒症无异于雨天里晒衣服，是很难达到效果的。而夏天的时候，积寒会躲在膀胱经和关节处，则容易被赶出来。祛除寒疾的关键是要内服偏温热的饮食同时外散风寒。有人觉得大热天还得吃热的东西很不舒服，其实，有的时候，我们也可以热药凉服，比如喝红糖姜水之前，可以先

冷一下再喝，这样既喝了冷饮，到胃里之后却还是热性药。我们都知道夏天毛孔打开，容易出汗，其实发汗是排除体内寒邪最好的方法，中医讲"汗为心之液"，出汗也可以泻去夏季过旺的心火。

顺应夏季生物钟规律，别让"寒冷"入侵

可以说，夏天赐给了我们排除寒气的自然疗法。在夏季要让身体尽量顺应自然的规律，减少吹空调和吃冷饮的频率。空调吹出的冷气会从皮毛侵入人体，冷饮也会从肠胃而入，夏季的心火虽盛也难以抵御二寒，寒气在夏季堆积后就会在冬季引发疾病。如果有些人就是不爱出汗，或者出汗怕风，可以饮用"玉屏风散颗粒"，每日当饮料频饮（同样可以放凉后饮用），无汗可发汗、汗多可止汗，还可防风。

人健康了，肤色就会好，自信心当然也提高了，整个人，就会显得更加有气质。为了健康和美丽，不要怕麻烦，"美眉"们好好爱自己，在夏季行动起来吧！

附：夏季美容小常识

夏天是皮肤容易长痘、晒黑、需要加倍保护的时期。该怎样在炎炎夏日保护我们的肌肤呢，下面就来一起学学夏季的美容小知识吧。

1. 炎热的天气总让人感觉脸上汗涔涔、油腻腻的，如不注意清洁，就容易造成毛孔的堵塞，带来一系列肌肤问题。尤其是油性肌肤的"美眉"，要在夏天养成勤洗脸、勤补妆的好习惯，这样的肌肤才会更加清爽亮丽。

2. 准备新鲜的牛奶和黄瓜，将黄瓜切成薄片，浸泡在牛奶里十分钟左右，取出敷在面部，有极佳的美白效果。

3. 出汗多了，人会感觉干渴，皮肤也一样，所以在夏季选择清凉的润肤水是非常重要的。如果想追求更清凉的感觉，可以将清水浸湿过的化妆棉放入冰箱里一段时间再使用，还会有收缩毛孔的作用呢。

4. 大家知道在夏季尤其要注意防紫外线，那么如何选择防晒霜的SPF值呢？一般来说，SPF值在8～12之间就可以了；对日晒比较敏感的皮肤要选择SPF值在12～20之间为宜；如果是在野外郊游等，需要选择SPF值在30以上的防晒霜为宜。另外，敏感性的皮肤最好使用植物配方的防晒品。

5. 面膜的效果出众，日晒后使用，肌肤可以即时获得改善的效果。就算是最普通的黄瓜、牛奶面膜也可以起到镇定、补水的作用。

6. 很多"美眉"涂防晒霜的时候，习惯只涂脸部，炽烈的阳光下别忘了给脖子、胳膊、大腿、手背、脚背、膝盖后侧等容易接触阳光的皮肤也涂上些。

7. 要注意在日晒前，避免用柠檬、黄瓜、芹菜等敷脸，因为这些水果、蔬菜中所含的某些成分，容易吸收紫外线，同时还会引起色素的沉着。

8. 人的内脏正常代谢时，能让体内的黑色素顺利排出，但是食物中的人工添加剂会造成内脏的负担，食用过量会导致黑色素沉淀，形成雀斑、黑斑等。因此，应尽量避免食用或少食用含有人工添加剂的食物。

步入秋天，一切都要"慢"下来

　　秋季是由夏季向冬季转换的过渡期，气温变化大，人容易倦怠、乏力，该是重新调整生物钟的时候了。另外，夏季过多的耗损也需要在此时进行补充。这个时候，放慢生活的节奏，平和心绪，享受人生的美好是不错的养生选择。

放慢节奏，起床有讲究

　　对于大多数人来说，最佳的起床时间是早上7点，起床时不妨先伸个懒腰，做些舒展动作来放松身体。如果有条件，还可以养成清晨沐浴的习惯，这有助于促进血液循环，使人平静。有些人习惯早起，说明他血液中的氧和糖的含量已经足够了，相当于人体的"电池"已经充满。这时，可以用凉水洗脸作为一天的开始。有些人习惯晚起，则可以多给自己一点让身体清醒的时间，慢慢地起床，慢慢地喝水、吃早餐。我们可以通过体温来判断自己的身体是习惯早起还是晚起。习惯早起的人体温偏低，习惯晚起的人相反，体温会偏高些。

轻松"度日"，让生物钟慢下来

生物钟慢下来，心情不那么紧张，反而能做好许多事情。怎样才能做到"慢"下来呢？这就要我们在平时的点滴生活细节中注意让动作慢下来、让脑子慢下来、让情绪缓和下来，这样身体才会舒适，才能达到秋季养生的目的。

读书。忘掉一切烦心事，让自己舒适地坐在沙发上，享受一段美好的阅读时光吧，让心灵在文字中进行一次愉悦的旅程。

开车。开车时也要给自己创造一点"放松时间"，不要急匆匆地超车等，可以边听音乐边欣赏沿途的风景，但一定要记得安全第一哦！

用餐。秋季开始尽量少吃快餐吧，试着给自己做顿美食，细嚼慢咽，慢慢享受的过程也是一次很好的"心灵按摩"。

放下工作。下班以后就不要总带着笔记本电脑或其他办公设备了，这样才能把心思放在享受生活上，否则很容易被工作上的信息所打扰。要把工作时间和生活时间区分开来才好。

踏青。休息的时间，不妨和家人朋友定期外出郊游或踏青吧，接接地气，吸吸新鲜的空气，心情也会畅快许多。

不要"贴秋膘",运动时间是关键

立秋后,天气转凉,人体的消耗逐渐减少,脾胃功能逐渐恢复,食欲也大了起来。民间在立秋这一天素有"贴秋膘"一说,就是说在这一天以悬秤称量体重,跟立夏时的体重比较,体重若减轻了就叫作"苦夏"。因经历苦夏的人们要在秋季补一补,所以立秋这一天,很多人家会用炖鸡、红烧肉、肉馅饺子等荤菜来进补。在秋季适当进行营养、能量的补充无可厚非, 但是如果导致脂肪的堆积,则会使人在秋季更加懒怠,从而影响健康。特别是对于想要减肥的女士们来说,就更加不适宜"贴秋膘"了,只有健康的饮食和适当的运动,才会塑造强健的体格来抵御冬季的严寒。

"贴秋膘"对一部分人有弊无益

胃火旺盛的人在进补之前一定要注意清火,可以吃些苦瓜、黄瓜、冬瓜等,否则,无异于火上浇油了。

脾虚的人常常食少腹胀、面色萎黄、乏力、腹泻。这些人可以多喝些滋润的粥品,如山药粥、豇豆粥、小米粥等都是不错的选择,等脾胃功能恢复了再进补也不迟。

很多想要减肥的女性朋友由于

工作的原因，需要长时间坐在电脑前，这就导致了腰部和大腿部位的脂肪堆积，这类急于减肥的女性朋友就不要再跟随传统"贴秋膘"了，合理的饮食、适量的运动才是健康之道。

秋季运动要循序渐进

秋季气候清爽宜人，是运动健身的好时机，但是人体的适应能力都是有限的，千万不要突然间过度运动，以免造成对身体的伤害。一般来说，最佳的运动时间是在下午的四五点钟，运动前要先热身，循序渐进地进行，时间在1～2个小时为宜，切忌过度。运动前后一个小时内不要进食，可以适当补充水分，来保持上呼吸道黏膜的正常分泌。

五谷杂粮，养肺养胃

五谷杂粮营养丰富，基本上覆盖了人体所需的大部分营养，多吃五谷杂粮是一种健康的饮食习惯，不仅可以保证人们一天的活力，还有预防和改善疾病的功效。秋季天气干燥，人们尤其要注重对肺和胃的保养。日常生活中，吃对五谷杂粮就可以起到养肺养胃的功效，同时还能养颜护肤，简单易行，何乐而不为呢？

养胃又养颜的五谷佳品

薏苡仁：薏苡仁味甘淡、性微寒，有利湿除痹、健脾益胃的功效。现代药理学研究发现，薏苡仁中含有的多种维生素和矿物质，能促进新陈代谢，较少胃肠道的负担，还能有效去除脸部斑点和青春期的痘痘。

麦芽：中药理论中，麦芽味甘、性平，有健脾胃、消食滞的作用。生的麦芽偏于疏肝行气，而炒麦芽偏于行气消食，焦麦芽则适于消食化滞。麦芽可以有效排毒，使肌肤更健康莹润。

白扁豆：白扁豆味甘、性微温，有补脾益胃、化湿祛暑的作用。现代药理学研究发现，白扁豆所含成分有抗病毒、抗菌、提高免疫功能的作用，对食物中毒引起的胃肠炎、呕吐等症有解毒的

作用。

小米：性味甘、咸凉，能益脾和胃，治疗脾胃气弱、反胃呕吐、消化不良等症；它还具有减轻皱纹、色斑、色素沉着的功效，其富含的维生素B_1、B_{12}等元素，可以防止口角生疮。

养胃食谱，健康美丽吃出来

薏苡仁山药粥：薏苡仁、山药各100克，山药去皮切块，薏苡仁洗净浸泡后，加水与米煮至熟烂即可。此粥具有调节气色、祛斑、祛痘的功效。

扁豆山药粥：白扁豆50克，洗净浸泡，山药50克，去皮切块，放入锅中，加水煮至熟烂即可。此粥具有化湿止泻、美白祛斑、抗衰养颜的功效。

麦芽饮：准备生麦芽30克，生山楂30克，洗净后，用水煮沸代茶

饮用。适用于食积所致纳呆、腹痛、腹泻、腹胀等，糜烂性胃炎患者需慎用此方。

既养肺又美容的五谷佳品

大米：包括稻米和紫米等，大米具有很好的滋阴润肺和美白补水的作用。

糯米：性味甘温，能益肺养气，暖补脾胃。此外，糯米还有美白祛斑的功效。因其黏滞，不易消化，所以脾胃虚者不宜多食。

玉米：玉米中含有大量的营养保健物质，其维生素的含量极高，是小麦、稻米的5～10倍，具有益肺宁心、清湿热、利肝胆、延缓衰老等功效。此外，玉米可以使皮肤细腻光滑，能抑制、延缓皱纹的产生。

早餐：绝对不可忽视的一餐

　　随着生活节奏的加快，越来越多的人忽略了早餐的重要性。有些人认为早餐缺失的营养可以在午餐和晚餐中找回来，其实是错误的。早餐是一天当中最重要的一餐，坚持每天吃营养充足的早餐，不仅有益于现在的健康，还有益于将来的健康。有研究表明，人空腹时的正常血糖为80~120毫克/毫升，而人体血糖水平的维持，取决于一天中第一餐的进食种类和数量。如果不吃早餐，容易出现头晕、心悸、反应迟钝等症状，还会对大脑和消化系统等造成危害。

早餐不能用一袋牛奶替代

　　有些人觉得牛奶的营养丰富，再加上早上时间匆忙，就往往以一杯牛奶代替了早餐，这样是非常不妥的。有研究证明，空腹喝牛奶，牛奶里的优质蛋白就起不到修复、更新组织和促进新陈代谢、提高免疫力等作用了。早餐喝牛奶时，最好配以淀粉类的主食，如面包、红薯等。

一周营养早餐巧搭配

周一：大部分上班族，在周一这天都提不起精神，那就别勉强自己做早餐了，出去到环境整洁的地方，或许享受一顿腌肉蛋松饼和鲜橙汁带来的美味是不错的选择哦。

周二：早点起床，喝上一杯温热的蜂蜜水，出门锻炼半个小时，饥肠辘辘地回到家，用全麦面包片，夹上香肠和黄瓜片，再配一杯酸奶、一个煮鸡蛋，保证这一天的你活力十足。

周三：一周中的易疲倦日，建议早餐吃些奶酪，如在面包片上涂上奶酪，再配以鲜橙等水果，会让食物在体内氧化后达到酸碱的平衡。

周四：可以稍稍放松自己，睡个小懒觉后，做个简单的早餐，如热牛奶冲泡燕麦片，再放入2～3个草莓，既简单美味又节约时间，同时还不会增加脂肪的堆积。

周五：适当摄取些氨基酸种类的早餐。热的小馒头就着咸蛋一起吃，再配上一杯热豆浆，就可以达到目的了。

周六：适当进行清肠，建议只喝鲜榨的果汁即可，这样可以减轻肠胃蠕动的次数。多喝水，来给身体排毒。

周日：时间宽裕的周日，来顿丰盛的早餐吧。把香蕉剥皮、切段，和牛奶、蛋黄一起搅拌，加热后就成了美味的奶昔。再来些紫菜包饭吧，紫菜包糯米饭，依据个人口味在中间放入胡萝卜粒、肉粒、虾米粒等即可。

午餐：清淡为主多补水

炎热的夏季，几乎掏空了人体的津液。随着秋天到来，空气湿度降低，燥气又在袭击着我们，人们容易出现口干舌燥、干咳少痰、声音嘶哑、便秘甚至脱皮等现象，这时补足津液是我们在入秋后应该注重的事情。除了多喝水外，如果早餐的营养足够，那么午餐最好吃一些清淡、低脂肪的食物。

吃对食物，防燥又润肤

预防秋燥，除了多喝开水、牛奶、淡茶等饮料外，我们还要注意平时饮食的清淡，少吃油腻、辛辣、甘甜的东西，可以多吃青菜、玉米、蜂蜜、银耳、百合、香蕉、梨、葡萄、红枣、柿子、芝麻、橄榄等柔润的食物，既除燥又可以滋润肌肤。此外要少喝浓茶，多喝清淡的青茶和花茶，以免浓茶的利尿作用，会加快人体水分的流失。

秋季也适宜多吃些有清肝作用的食物，如豆芽、菠菜、胡萝卜、芹菜等，温热类的食物，如羊肉、虾、韭菜等则少吃为妙。

用美味午餐清清肺

虾炝竹笋：竹笋400克，虾25克，料酒、盐、味精、高汤等各适量。将竹笋洗净后，切成4厘米长段，再切成条。油锅中投入竹笋稍炸，捞出后沥干油。再把竹笋加盐、高汤略烧，入味后出锅；将炒锅放油，把虾倒入锅中，倒料酒、高汤、味精少许，最后将竹笋倒入锅中翻炒，均匀装盘即可。这道菜有清热消痰的作用。

素烧冬瓜丝：准备冬瓜一块，盐、生抽、蚝油适量。先将冬瓜洗净，削皮，切丝，锅中放油，倒入冬瓜丝翻炒至软，加入一小碗清水，盖上锅盖煮滚到透明后，用少许盐，一点点生抽，一点点蚝油调味，也可以根据需要放点鸡精，炒匀起锅即可。

桂花糯米藕：藕一节，糯米200克（提前水泡一小时以上），冰糖200克，红糖50克，糖桂花100克。莲藕削皮洗净，一边去头。然后把没有去头的一边立着放在手心，从去头的一边开始往里面塞糯米（可借助筷子给塞实了）。塞好后上锅蒸45分钟。在另外一个锅里加适量的水、冰糖、糖桂花，烧开用淀粉勾芡，然后关火放凉。等藕出锅后放凉，倒入做好的桂花汁即可。这道甜品有滋润清肺的作用。

晚餐：进食容易吸收的蛋白质

吃晚餐也有很多讲究，晚餐的好坏，直接影响着我们的身体健康。晚餐的就餐原则是：不能过饱、不能过甜、不能过晚也不能过饮。因为这些都会造成胃肠的负担，从而影响我们的睡眠质量。在秋季我们还要特别注意，晚餐要以清淡、容易吸收的蛋白质为主，如鱼、白肉、禽类、米面等，因为它们能够增加身体内的碳水化合物，这正是睡眠所需要的。

健康又养人，晚餐同样可以很精彩

香菇木耳汤：材料有香菇、木耳、白萝卜和鸡蛋。将水发木耳、香菇、白萝卜洗净切丝后都放在开水里煮，煮熟后撒入蛋花，放入适量的盐、鸡精，少许的白胡椒粉和香油调味即可出锅。

鲫鱼萝卜豆腐汤：材料有鲫鱼一条，白萝卜、豆腐、葱姜适量。将鲫鱼去鳞，去内脏洗净，用料酒腌制20分钟；白萝卜切厚片，豆腐切成大块；锅内倒少许玉米油，下鲫鱼煎成金黄色待用；另取锅倒入清水，放葱段、姜片大火烧开，水开后下入煎好的鲫

鱼；再次开锅后，转小火炖煮30分钟，这时汤转变成奶白色；加白萝卜、豆腐块一起煮，半开盖炖20分钟；出锅前加少许盐、味精、胡椒粉调味即可。

糖醋藕丁炒肉丁：藕两节，猪肉丁适量，生姜切丁，干辣椒两个，花椒几粒。首先在猪肉丁中放入淀粉、料酒、酱油、盐、少许生姜丁、花椒几粒，搅匀腌制。锅里放油烧热，倒入腌制好的猪肉丁，快速翻炒，肉丁变色马上起锅（这样肉丁吃起来口感才好）。锅里加少许油，烧热，放入姜丁、干辣椒爆香后再放入藕丁，快速翻炒。藕丁稍熟时放入一小勺醋、1/3小勺酱油（调色）、少许糖，翻炒后再倒入肉丁，起锅时加入适量盐、味精即可。

晚饭吃到八分饱，饭前可以先进汤

有些人明知道晚饭吃得过饱会影响健康，可是没有吃饱，又会浑身不舒服，这时，你就可以试试吃饭前先喝点汤，既能润燥，又能增加饱腹感。此外细嚼慢咽也是晚餐避免吃撑的好方法。因为大脑要在吃饭开始后20分钟左右才会收到饱腹的信号，如果吃得太快，大脑还没来得及发出消化的指令，人就已经吃多了。食物在口中多咀嚼一下，也有助于控制晚餐的食量。

体温告诉你穿衣 "潜规则"

秋季是由夏天向冬天转换的过渡期，气温变化无常，早、午、晚的温差也较大，很多人起床后，都在纠结今天该穿薄一点还是厚一点？穿厚了怕中午会热，穿薄了又觉得早晚会冷。秋季是一个不规则穿衣的时期，你是不是常常在马路上、地铁上看到有些人穿着羊绒的开衫，有些人穿着齐膝的薄风衣，还有些人却穿着短袖T恤呢？那么面对气温多变的季节，有没有什么穿衣的"潜规则"，可以让爱美又怕生病的女士们实现既保暖又美丽的心愿呢？

不同的衣服保暖度也有不同

要想在不同的温度下穿适当的衣服，就要先了解一下不同面料衣服的保暖度分别是多少，这样才可以穿出既美观又保温的效果。

就秋天来说，薄款的风衣外套，保暖度相当于3℃，性价比高，实用度也不错；运动装和抓绒衣服的保暖度相当于3℃，既轻盈、舒适，又保温，还能穿出时尚的效果；针织衫和薄毛衣的保暖度相当于1℃，特别是百搭的针织连衣裙，既舒适又甜美，可以说是秋装的主力军了。但

是，衣服的保暖度是不能直接用"加法"来套用的，因为由于同样的温度，大风天就要比没风的天气冷，人体的运动量大就比没有运动要热。因此，看保暖度穿衣服的同时也要考虑自身的情况。早晚天气凉时，可以搭配一个和当天穿衣风格相近的薄外套，白天热的时候脱下来放在一边就行。

秋季的干燥气候，容易让人心情烦躁，我们穿衣时，尽可能选择滑爽的面料，衣裤也不要太紧，这样舒适的穿着也有益于心情的放松，人自然就显得容光焕发了！

秋天"冻一冻"，预防疾病不用愁

秋天向冬天转换的时期，气温也逐渐转凉、变冷，"一场秋雨一场寒"。这个时候也不必急着添加衣物，"秋冻"可以说是预防疾病

的良方，也是顺应自然界秋季收敛的养生需要。秋季穿衣不宜过多，要让身体慢慢提高抵御寒冷的能力。但也不意味着要过度挨冻，而应根据个人的具体情况来采取措施。

秋天除了要及时添减衣物外，还要通过增强自身的体质来安全度秋。只有身体健康，才能在任何季节都成为一道靓丽的风景。

风为百病长，四个时间段的风吹最伤人

虽然到了秋高气爽、空气宜人的季节，女性朋友们对疾病的防范还是不要大意，尤其要警惕风邪对身体的伤害。古书上说，"风性清扬开泄，易袭阳位"，是指风具有升散、向上、向外的特性，常侵袭人体的阳位（上部）。受风邪侵扰的人，容易出现头痛、咽痒、咳嗽等症状。另外，风气容易藏于皮肤之间，引起风疹等症状。

虽然"风吹"很伤身，但女性朋友们也不要过于紧张，不要影响迎接秋天的美好心情。其实，只要避开几个时间段的风吹，就可以避免受到风邪的入侵了。

远离风邪，四个时间段避免被风吹

早起防冷风，呼吸系统免遭殃。早上起床时，人体的阳气开始慢慢变旺，这个时候被凉风入侵容易损伤阳气，同时，患有呼吸系统疾病的患者，很容易旧疾复发。早起要避免马上被凉风吹到，吃好早饭，出门前可以用冷水洗洗鼻腔，能有助于缓解鼻塞、打喷嚏等呼吸系统的疾病。

夜间不要开窗迎风睡觉。熬过了夏天的闷热，终于可以呼吸着凉爽的空气入睡了。舒服的睡眠固然重要，但是千万别因为贪图一时的畅快而让病邪有机可乘。因为夜间气温会骤降，如果此时窗户打开，凉风的侵袭会使人体的督脉和肾阳受损，导致到了冬天会尤其怕冷。晚上不要窗户大开着就睡觉，适当留一点缝隙通风即可。

警惕楼间的过堂风。你有没有这样的经历，行走在两栋楼之间时，感觉风会特别大？其实这就是民间所谓的"过堂风"。秋凉时节，过堂风容易吹到人的后脑勺和脖子，时间久了，脖子会发紧，伴有冷冷的疼痛感，由于后脑部位分布着丰富的神经和毛细血管，一旦被风侵扰，容易诱发颈椎病等。在有"过堂风"的地方，要尽量少停留，或有意识地把领子竖起来。

户外运动时要谨防凉风的侵袭。凉爽的秋季是户外运动的好时机，但是喜欢户外运动的朋友们要注意了，一般情况下，皮肤的腠理是闭合的，可以抵御外邪入侵。由于运动量大时出汗较多，使皮肤的腠理打开，当人停止冒汗时，凉气就容易入侵。运动后应避免风吹，适当加点衣服来防风、保暖。

让食疗帮您祛除风邪困扰

如果身染风邪，出现身体微微的酸痛、头痛、咳嗽等症状，立即打针吃药又显得有点紧张过度了，因为"是药三分毒"，药物有副作用总会损伤身体。这时不妨在家里动动手，为自己和家人做一些可以去除风邪的美食。

葱白豆豉汤：准备葱白七八根，用刀柄捣碎，加豆豉一撮，用水煮开，趁热喝一大杯后，盖上被子，即能出汗，表解风邪，通体舒畅。

丝瓜炒虾仁：丝瓜、中型虾、姜片、葱段适量。将虾去壳去虾线，放入盐、料酒等腌2个小时，丝瓜去皮切块。锅内热油，下姜片、葱段炝锅，放虾仁炒至变色后迅速起锅。用余油将丝瓜炒变色，放入虾仁炒匀调味后即可。这道菜不但能祛风化痰，更有美白润肤、祛斑的功效。

附：秋季美容小常识

秋季护肤首先要从救肤做起。夏天对肌肤的伤害需要在此时及时修复。因为干燥的天气，人的皮肤容易紧绷，所以秋天护肤的主题还得要从保湿、美白、祛斑做起。

1. 真空包装的面膜，是能快速补水、保湿，恢复肌肤光鲜亮丽的神器。即使比较便宜的面膜，其所含的精华成分也不少，保湿护肤千万别忘了它的神奇力量。

2. 干燥的气候，单靠一瓶乳液已经不够解决"肌渴"了，在抹上乳液之前给肌肤加点精华液吧，这样乳液就会把精华锁在肌肤表层下，延长水分的蒸发时间。精华液具有抗衰老、美白、保湿、祛斑、祛皱等多重功效，特别适宜在季节交替时使用。

3. 一般来说，干燥的秋季，选择洁面产品时应尽量少用去油成分强的啫喱。洗脸时先用温水去除污垢，再用冷水轻轻拍打、清洗，这样既可以收缩毛孔，又可以促进血液循环。

4. 秋季身体某些部位容易产生干燥脱皮的现象，像是膝盖脱皮，会让爱美的女士穿起短裙来也显得不够美观。这时候，选择一款婴儿油来涂抹干燥部位就可以了。需要注意的是，如果您得过毛囊角化症，婴儿油就要避免使用了。

5. 粉底霜、眼影膏、唇膏等也要尽量选择保湿型的，最好不用干粉定妆，以免使皮肤显得更干燥。

6. 用适量蜂蜜加入2～3倍清水稀释后，每天睡前涂于面部，可以使皮肤光洁细嫩，或者用燕麦片、蛋清、蜂蜜制成面霜使用，效果更佳。

7. 一定要将脸洗净，可以适当用点去角质的产品，但是不要过频。洗脸时不要过度用力，轻轻揉搓至洗面奶起泡沫即可。

8. 多吃新鲜的水果、蔬菜、鱼、肉，多饮滋补清润的汤水，这样可以起到润肤的作用。少沾染烟、酒、咖啡、浓茶、油炸食品等。

9. 秋天多饮水，是肌肤防燥保湿的有效措施，但是切忌暴饮，否则会给肠胃增加负担。最好是一次少量慢饮，一天多次饮水，这样还会对呼吸系统产生滋润作用。

10. 因为秋季的紫外线虽然没有夏季强烈，但还是会增加皮肤的黑色素，所以在秋天最好选择美白和保湿功能兼具的护肤品。

早喝盐水，晚喝蜂蜜

　　寒冷的冬天来临，也到了我们储藏能量的时候了。冬季养生要分早晚，中医主张人要顺应自然的四时变化，因为冬天白天短、夜晚长，所以人也要晚上早点睡，早上晚点起，对应的，晚饭要早点吃，早饭要晚点吃。此外，中医还主张在冬天要"早喝盐水，晚喝蜜"。这又是什么道理呢？

早喝盐水晚喝蜜，提高自身免疫力

　　《本草纲目拾遗》记载，盐能"调和脏腑、消宿物、令人壮健"。因为盐有清热、凉血、解毒、养肾的作用，所以冬天的早晨起床后，最好喝一杯淡盐水，可以为身体排第一遍毒，还能缓解便秘、改善肠胃的消化吸收功能。

　　需要注意的是，盐中含有大量的钠，在100毫升水中放入食盐不要超过0.9克，否则会加重肾脏、心脏的负担。而高血压等心脑血管患者以及肾脏功能不好者应慎喝盐水。

　　蜂蜜有润肺养心、安五脏、润燥、止痛、解毒等作用，每天睡觉之前用温开水调服一勺蜂蜜，除了可以帮助消化外，还能帮助睡眠，可谓一举两得。只要

能坚持下来，女性肯定会在冬季过后收获一个健康的体魄，在来年的春天展现活力四射的自己。因为蜂蜜中含糖量较高，容易引起多尿，所以有起夜习惯的人晚上最好不要喝蜂蜜，对于糖尿病患者更是不适用。

早起晒太阳，晚上泡泡脚，养生其实很简单

除了早喝盐水晚喝蜜的养生方法，中医还主张冬季早起时最好晒晒太阳，时间也不宜过长，15分钟足矣，这样可以促进人体对钙质的吸收。晚上睡觉前，用热水泡泡脚，可以促进血液循环，提高睡眠质量，同时也是调养肝肾的好方法。建议泡脚的水温在40℃左右为宜，身上微微发汗时就可以了。

让肌肤喝饱水的四款美食

水分是完美肌肤最大、最重要的营养源，爱美的女性，可谓一年四季都在想方设法给肌肤补水。找到一款适合自己的补水护肤品比较不容易，而且只治标不治本，不能从根源解决问题。其实要给肌肤喝饱水还得从饮食做起，从根本补起。在这里，就向大家推荐几款既美味又补水的美食吧！

牛奶番茄汁：食材有牛奶、番茄、蜂蜜、柠檬汁。将番茄入沸水中烫一烫，轻松剥去外皮，切丁备用；然后将2/3的番茄丁和牛奶用搅拌机打碎，倒入杯中，加入剩余番茄丁、适量蜂蜜、少许柠檬汁即可。番茄富含抗氧化剂番茄红素，有助于展平新皱纹，使皮肤细嫩光滑，与生津润燥的牛奶搭配在一起，更有强大的滋润、补水作用哦！

炝炒小白菜：需要准备奶油小白菜、干辣椒、葱、盐、鸡精等食材与作料。将葱切碎，小辣椒掰碎，小白菜洗净、沥干水分后切成小段；锅内放油、葱和小辣椒炒香，然后放入小白菜翻炒至变软，放入盐和鸡精，出锅即可。这种奶油小白菜水分很多，不仅味道超级好，补水效果也是一流的。

山楂杨桃果冻：准备山楂罐头、杨桃、鱼胶粉、胡椒粉等。先将鱼胶粉里加入少量冷水，浸泡20分钟后隔水加热融化；置凉后，倒入山楂罐头原汁，搅拌均匀；杨桃切片摆放在模具中，将山楂摆放在已排好杨桃的模具中；把调好的山楂汁倒入模具，汁水要没过山楂.然后放入冰箱冷藏至凝固；凝固后，倒扣脱模即可。这款水果布丁，味道绝佳。杨桃中含有特别多的果酸，能抑制角质细胞内聚力及黑色素沉淀，能有效去除或淡化黑斑。

橙汁蜜瓜条：食材和作料有冬瓜、果珍、盐、醋。先将冬瓜削皮、去瓤、切条。锅内放水烧开，放半勺盐，一小勺糯米醋；下冬瓜条，待其煮至变色，捞出沥干水分，用纯净水浸一下；再控水放到一个中碗里，加入果珍、白糖，搅拌均匀后盖上保鲜膜，腌制三小时以上即可。冬瓜中90%都是水，能够去热生津，及时补充水分。

保湿+营养+防晒，三者缺一不可

冬季是一年之中紫外线最弱的黄金时期，此时美白、淡斑可以达到事半功倍的效果。由于气候干燥，肌肤容易缺水、脱皮等，所以给皮肤补水也成了重中之重。虽然冬日的阳光没有那么充沛，但是也不要忽略了防晒。因为，即使夜晚在酒吧里，强烈的光源都会损伤到肌肤，所以千万不要懈怠，做到保湿、营养和防晒的同步进行。

做到冬季护肤五步骤，让肌肤永葆年轻态

季节不同，我们的护肤方法也要略作调整。冬季护肤，每天坚持做到这五个步骤，效果会更理想。

第一步：早上拒绝冷水刺激，温和洗脸。冬季的皮肤相对敏感，因此，早上最好用温水洗脸，使用质地较温润的洗面奶。不要使用有去角质或含磨砂颗粒的洁面乳，因为肌肤的角质层代谢过快，新的角质层来不及生长，会造成出油或角质层越来越薄的状况。

第二步：给肌肤增加营养，先涂抹美白精华品。因

为冬季是美白、祛斑的黄金时期，但是部分美白产品会导致肌肤变干，所以一定要按步骤操作。先喷爽肤水进行几次轻拍，使水分融入肌肤深层，再涂抹精华液，然后用保湿乳液锁水，最后再涂抹美白产品，就可以达到理想的锁水效果了。

　　第三步：睡前再来一次特别保养。因为睡眠是导致肌肤水分流失的重要原因，所以睡前一定要做好补水功课。做完清洁后，可以给肌肤涂上一些保湿水或者保湿精华，当然每周敷2～3次的保湿面膜也是不错的选择。

　　第四步：日常防晒别疏忽。冬季的紫外线也不能小觑，出门前要记得给肌肤涂抹防晒品，最好是添加了抗氧化成分的，这样更能抵御刺激，保护肌肤不受到外界的伤害。

　　第五步：坚持正常的作息时间。尽量不要熬夜，熬夜最损伤肌肤，容易使肌肤出油、暗黄，会让你白天的护肤工作功亏一篑，按照冬季的睡眠规律早睡晚起，既养生又护肤。

既省钱又好用的自制保湿护肤品

因为很多护肤、防晒品中含有化学成分，对肌肤有一定的伤害，所以不妨尝试自己动手做的一瓶专属自己的营养护肤品吧！

自制芦荟保湿水：准备芦荟1片，甘油5毫升。将芦荟榨汁后滤去杂质，芦荟汁、甘油放入瓶中，充分搅匀即可。洗脸后，将这款化妆水均匀地喷在脸上，也可随身携带，在肌肤感到干燥时喷洒于脸部。这款芦荟保湿水保湿防晒效果卓越，并能镇静肌肤，帮助我们更好地护肤美容。

玫瑰娇柔保湿水：选择玫瑰干花3茶匙，甘油10毫升，纯净水100毫升。将纯净水放入锅中加热，然后放入玫瑰干花用小火煮3～5分钟，取玫瑰花汁，与甘油混合即可。洗脸后，将化妆水倒在化妆棉或手心里，轻拍脸部直至化妆水被肌肤完全吸收。这款玫瑰保湿水保湿防晒的效果十分理想，不仅能给肌肤提供充足的水分和营养，还能收敛毛孔。

面部皮肤护理关键词：滋润

　　韩国影视剧中的女星们，无论在什么季节，精致的妆容下肌肤总是又水又嫩，让人羡慕不已。而在现实中，冬季的干燥会导致肌肤卡粉还不易上妆，让你不管是素颜还是浓妆都会陷入尴尬。那么，如何在冬季还能拥有像明星一样的嫩肤呢？其实在冬季注意滋润养护肌肤，让皮肤水嫩莹润才是美颜的王道！

上班族全天水润时刻表

　　上午8点半：洗脸后，三分钟之内及时给肌肤涂上保湿用品，以免水分流失。

　　上午9点半：公司的空调会抽走肌肤的水分，这个时候，小小一瓶保湿喷雾就可解燃眉之急。

　　下午1点：肌肤所需要的水分更需要从体内来补养，中午吃一顿含有黏多糖体蛋白质的午餐，如鲍鱼、鳗鱼、比目鱼等，不但对身体有益，还可以从食物中摄取保湿成分。

　　下午7点：下班以后回到家，可以好好放松一下自己了，来杯鲜榨的果汁或者在晚餐中添加一道汤品，都可以补充白天所流失的水分。

　　晚上10点：沐浴放松后，皮肤的

滋润护理也正式开始吧！做个深层的保湿面膜是不错的选择。眼睛周围的皮肤十分娇嫩，护肤的同时别忘了给眼睛也贴上眼膜。就让我们带着明亮的双眸和水嫩的肌肤去迎接新一天的挑战吧！

美颜要治本，从提高皮肤的保湿功能开始

如今，市面上琳琅满目的滋润保湿护肤品数不胜数，其实，干燥的皮肤无论用什么产品，其效果都是短暂的。要想保持真正的嫩肤，就要从提高皮肤的保湿能力开始，从饮食做起。

维生素E能聚集在皮肤角质层，帮助其修复防水障壁，阻止皮肤内水分蒸发，并能保护皮肤的细胞膜。日常生活中，玉米油、花生油、芝麻油等植物油中以及几乎所有的绿叶蔬菜中都含有维生素E，其中，莴苣、卷心菜等是维生素E含量较多的蔬菜。另外，奶类、蛋类和鱼肝油等食物中维生素E的含量也不少。

果酸可以说是皮肤的修复保湿剂，它能够促进表皮细胞的活化与更新，去除失去保湿功能的角质层，让新生的角质细胞发挥保湿功能，从而提高皮肤的滋润度，同时也能使生成的痘痘在软化后易于脱落。含果酸比较多的食物主要是水果，如苹果、香蕉、柠檬、番茄、葡萄和柑橘类，其中，柠檬对果酸的补充效果最好。

维生素A能调节细胞的成长和活动，可以增加皮肤的弹性。天然的维生素A只存在于动物性食品中，如动物肝脏、蛋类、鱼肝油和奶油中；其次，植物所含的胡萝卜素，可以在肝中转变成维生素A。

吃冷性食物，抑制脂肪堆积

寒冷的冬季，人们都喜欢窝在温暖的室内不动，而且为了抵御严寒，一些高热量的食物便成了冬日里的"常客"。但是，这可苦了还念念不忘减肥的"美眉"们了。别着急，其实冬日减肥也有妙招，吃点"冷性"的食物可以帮助抑制脂肪的堆积哦，因为适当吃些"凉菜"可以降低体内的热量，迫使身体自我取暖，从而消耗脂肪，达到减肥的目的。

减肥、美食两不误，冬日在吃喝中减肥

黄瓜：黄瓜性凉，凉拌一下，美味又可口，是冬天减肥的好菜。不仅能消灭体内的毒素还可以补充维生素和纤维素。

冬瓜：冬瓜可以利尿消肿，可以让你在冬天里的代谢稳定，有助于消除浮肿。另外，将冷性的食物做成热汤，对肠胃不好的"美眉"也比较适用。

小米：如果白天吸收的热量食物较多，那么晚餐就用小米粥来代替吧。小米属于冷性的食物，可以加快身体自我取暖的速度，从而消耗掉多余的热量和脂肪。

白萝卜：白萝卜性寒凉，是冬季常见的食材。可以让身体自动取暖，消耗掉不必要的脂肪和热量。

香菇：香菇是一种营养丰富的冷性食物，可以作为火锅的汤底以减少热量的摄入，或者在做肉类的时候放进香菇一起烹调，不但能中和热量还有助于脂肪的分解。

橙子：橙子性凉，饭前半个小时吃个橙子，可以让你的食欲变小，从而起到减肥的作用。

吃这些冷性食物的同时，也要注意温度不宜过低，否则容易拉肚子哟！

留心脂肪堆积的重灾区——腰部和腹部

大家都知道，冬天是容易"长膘"的季节，特别是白领一族，整日坐在电脑前忙碌着，腰部和肚子最容易堆积脂肪了，这时除了配合冷食减肥外，还要在休息的时间给自己制定一个运动计划。健身房有很多锻炼腰腹部的器材，出大量的汗，才能达到减脂肪的效果。

补气血，提亮肤色还原娇俏容颜

气血不足表现为气短、乏力、易疲劳等，会导致脸色的暗沉、无光，整个人就显得没有精神和气势。要想面如桃花、颜色如霞，与其给憔悴的面容上妆，不如现在从补气、补血开始做起。

赶走暗沉，六款汤饮提亮肤色

糖茶：茶叶2克，红糖10克。开水冲泡。此茶有补中益气，和胃消食的功效。

桂圆炖鸡肉：鸡肉150克、当归30克、桂圆肉100克。将桂圆、鸡肉洗净，鸡肉切片，放入锅中，文火炖3小时，调味服食，适用于血虚诸症，症见肌肤不泽、面部色素斑沉着，皮肤干燥无华等。

花生蜜枣汤：取红枣100克，花生仁100克，温水浸泡去除杂质后，放锅中加适量水，小火煮到熟软，放温后，加蜂蜜200克。此汤有很好的益气、补血、养颜功效。

月季花茶：选取新鲜的月季花花朵，以紫红色半开放花蕾、不散瓣、气味清香者为宜，泡之代茶。此茶具有行气、活血、润肤之功效。

黑木耳红枣饮：黑木耳30克，红枣20枚。将黑木耳、红枣洗净。红枣去核，两者加水煮沸，去渣服用。此饮品具有补中益气，养血止血，美肤养颜的功效。

韭汁红糖饮：鲜韭菜300克，红糖100克。将鲜韭菜洗净，沥干水分，切碎后捣烂取汁备用。红糖放入锅内，加清水少许煮沸，至糖溶后兑入韭菜汁内，即可饮用。此饮品具有温经、补气之功效。

气血双补的三道民间补方

方一：太子参15克，山药、白术各10克，生黄芪15克，麦冬、黄芪各10克，黄精、鸡血藤各15克。水煎服，每周服1剂。有益气、补血的功效，可以治疗形体消瘦，肤色无泽，精神不振。

方二：人参10克，大枣5枚。人参切片备用，大枣洗净备用。人参放入砂锅中，加清水浸泡半天，加大枣，煮约1小时即成。本方有大补气血功效。因效力较强，实症、热证的人不宜食用。

方三：牛肉1 000克，食盐适量，黄酒250毫升。将牛肉洗净，切小块，放入锅中，加水适量，大火煮开后去除血污和浮沫，继小火煎煮半小时调入黄酒和食盐，煮至肉烂汁稠时即可停火，待冷装盘食用。此方有补脾胃，益气血的功效。

8个养肾小动作让你美得更自然

你知道吗？肾是生命之源，是体力、智力、寿命的发动机。冬季却是草木枯萎、万物肃杀的季节，寒气直逼体内，最容易损伤肾阳，因此，在冬季保养好肾脏是十分重要的。

养好肾，才能穿出"美丽动人"

中医讲"肺为气之主，肾为气之根"，肾有促进吐固纳新，防止呼吸表浅的作用，养肾有助于人体自然纳气，达到延年益寿的效果。养好肾，肾阳强壮了才能更好地抵御严寒。另外，人体的血液循环流经肾脏，养肾会促进血液循环，让手、脚和耳朵等脆弱部位也不再惧怕严寒了。身体健康了，才可以适当减去衣物，在冬天穿出美丽来。

8个简单易学的养肾小动作

如果你认为养肾是一件很难的事情，那就错了，只要平时多多留意，养肾也可以变得很简单。比如几个小动作，能长期坚持的话，就可以起到养肾的作用，不妨来学学吧。

动作一：采取站立姿势，双手相互摩擦，手心发热后分别放在后腰部，手掌附在身体上，按照从上到下的顺序按摩，人体感觉到发热后就可以停止，这样可以补肾纳气。

动作二：将大拇指扣在手心，指尖位于无名指的根部，然后屈曲其余四指，稍稍用力，将大拇指握牢，如攥握宝贝一般。

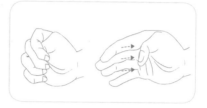

动作三：采取站立姿势，双手握拳，放在后腰部，用两个拇指关节的突出部位按摩腰眼，或是向内做环形的旋转按摩，可以稍用力，产生酸胀感时就可以停止，然后再次按摩，这样可以防治因肾亏引起的腰肌劳损以及腰酸背痛等。

动作四：肾有久病者，可以身体放松，身体后仰，用整个背部撞击墙壁，用力适度，借撞击的反作用力使身体回复直立，如此反复进行，每次撞击30下左右，每天可以做2～3次。

动作五：采取站立姿势，双手同时上举，在头顶相握后向前弯腰，双手触地，蹲下去，双手抱住膝盖，可默念"吹"字，只要气息，不要发出声音，连续做10遍，这样可以固肾养气。

动作六：坐在一个略高的椅子上，双腿自然下垂，缓缓向两侧转动身体，用力点在腰部，下半身保持不动；双腿向前摆动，全身放松，动作要缓和、自然。这个动作可以益肾强腰，腿关节也能得到锻炼。

动作七：叩齿，等到口中有较多的津液时，缓缓咽下，这样可以滋养肾精，还能起到健齿功效。

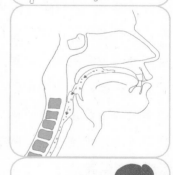

动作八：热水泡脚。每晚7～9点钟的时候，最适宜泡脚，因为这个时候，肾经气血最弱，此时泡泡脚，给脚做下按摩，能改善全身血液循环，起到养肾、养肝的作用。泡脚的水温以40℃左右为宜，泡的时间不宜过长，以15～30分钟为宜。

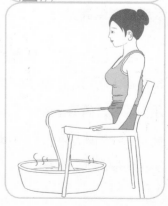

冬天动一动，少闹一场病

　　想容颜美丽，前提就是要少生病。可是寒冷的冬天，似乎让身边的病号和懒人都多了起来，在科技发达的今天，很多上班族似乎更加愿意待在家里上上网、看看电视，几乎不进行运动。如果你在冬天也很"宅"，那么就要注意了，千万别让疾病乘虚而入。俗话说："冬天动一动，少闹一场病；冬天懒一懒，多喝药一碗。"可见，冬天也要适当地运动，让自己的抗寒能力和抗病能力都强大起来。

室内运动——冬季运动的首选

　　冬天室外的空气总是差强人意，阴天、雾霾的天气较多，使我们的锻炼计划常常受阻。另外，外出锻炼时，如果在穿衣上不注意，很容易感染伤寒等疾病。因此，冬天最好选择在室内做运动。像一些健身器材、瑜伽、羽毛球、乒乓球、篮球等室内运动都是不错的选择。需要注意的是，因为人呼出的二氧化碳和汗水的分解物会污染室内的空气，所以在室内运动时，要保持空气流通、新鲜。

冬季运动前，要延长热身的时间

  热身运动是任何运动训练都必不可少的组成部分，它可以避免运动损伤的发生，提高随后激烈运动的效率。热身以简单轻松的动作开始，一般情况下以5分钟左右为宜。由于在气温偏低的冬季，人体肌肉的收缩性较差，因此冬季的热身时间要相对延长，最好在10～15分钟为宜。

  不同运动的热身内容也有所不同。跑步主要是下肢运动得多，应主要做一些膝部的屈伸、膝关节和踝关节的绕环动作来热身；打羽毛球对身体各部位的锻炼比较全面，可以多做些肩关节绕环、膝关节弓步、压腿、腕关节扭转等热身运动。

附：冬季美容小常识

冬天的湿度小、温度低，是对肌肤最不利的时节。因此，在冬天进行美容护肤是"美眉"们必不可少的功课。只有充分掌握了冬季的美容知识并应用于实际中，才会让我们在冬日也照样神采飞扬！

1.甘油可以保护皮肤，用一份甘油，两份水，再滴几滴醋，搅匀后涂擦皮肤，每天早晚两次，会使你的皮肤洁白又滋润细腻。

2.冬季如果有皮肤皲裂的现象，可以清洗后涂上一些蜂蜜，每天2次，连续几天可痊愈。

3.冬季洗脸的次数不要过多，早晚两次就可以了，以免造成水分流失。

4.黄豆猪蹄汤是补充人体维生素E和胶原蛋白的佳品，冬季可以多吃点。其做法是：将猪蹄洗净后切成几大块，放到开水锅里烫一下以去除血水；猪蹄放入煮锅中，加生姜、葱、料酒、少许醋，倒水没过猪蹄后，慢火炖一个小时；然后将泡发过的黄豆和胡萝卜块放到锅中，再炖半个小时，最后加盐和味精调味即可。

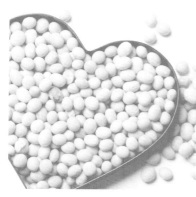

5.冬季时，皮肤的毛孔经常处在收缩的状态，这使表皮老化的角质不容易脱落，导致表皮太厚，会影响护

肤品的吸收，无益于皮肤的保湿和滋养。因此，要适当地用去角质护肤品，但也不要过于频繁。

6.干燥的气候容易导致肌肤水分的流失，但是千万不要模仿夏天的做法往脸上洒水，那样会让肌肤更加干燥，甚至引起皲裂，在早晚做好肌肤的补水工作即可。

7.冬季在护理面部肌肤的时候，也别忘了照顾一下颈部，以免"春光乍泄"时，脸部和颈部肌肤不一致。无论是洗面奶还是乳液、精华液，涂抹面部的时候也分享些给颈部。

8.冬天血液循环减慢，黑眼圈的状况要比夏天严重，这时可以用手指在眼睑周围轻轻地画圈来按摩，以促进眼部血液的循环，淡除黑眼圈。另外，冬天就不要用润眼的啫喱了，最好改用滋润成分高的润眼霜。

第三章

时辰生物钟：给身体全天候细腻呵护

子时（23：00—01：00）：
睡眠黄金时间，睡走黑眼圈

子时的23:00—01:00期间，对应人体的胆经。人体内十一个脏器都取决于胆的生发，胆气生发得好，人体状况就会好。俗语也说：胆汁有多清，脑就有多清。胆经从人的外眼角开始，沿着头部两侧，顺人体侧面而下，一直延伸到脚部。

23：00点，阳气开始生发

生活中有个奇怪的现象，一般吃过晚饭以后，晚上8—9点开始感觉昏昏欲睡，但是到晚上11点以后却又开始变得清醒，有的人习惯晚上11点左右开始工作，有的人还喜欢这时吃东西。这是为什么呢？因为这时阳气开始生发了，要想把生机养起来，最好在11点以前睡觉。

子时把睡眠养好，对一天至关重要

子时好好睡觉，对女人的肤色很关键。要想早晨醒后头脑清醒、气色红润、没有黑眼圈，那么一定要抓住这个睡眠的黄金时间。子时的胆经最旺，胆汁需要新陈代谢，人好好睡觉，胆汁才能推陈出新。有些"美眉"喜欢夜生活，到了子时还不睡，第二天往往头昏脑涨、面色苍白，而且出现一对"熊猫眼"，这就是没有养好胆的结果。另外，别以为早上多睡一会儿，就可以把流失的睡眠补回来，补觉时，往往要么睡不着，要么睡不够，即使感觉补回来了，其实身体的气血也已经亏损了大半。

丑时（01：00—03：00）：
肝脏最"忙碌"，深度睡眠不长斑

中医认为，人体的经气如潮水一般，会随着时间的流动而在经脉间起伏，每个时辰会有不同的经脉"值班"。人只有顺应了这种经脉的变化，来适时调整身体，才会达到良好的养生效果。丑时是凌晨1—3点钟，正是肝值班的时间段。

丑时排毒，做个睡美人

凌晨1—3点，其他脏器处于工作节律缓慢的时期，只有肝脏的气血充盈，工作能力旺盛。此时，肝在抓紧时间成产、合成一些人体所需的物质，比如可以把有毒物质排出肝脏、送出体外的物质，这些被肝清扫出门的垃圾，会在第二天一早随着便便排出体外，所以每天早起排便是非常健康的习惯，可以避免毒素在体内堆积。通过肝脏的清理，人的眼睛会更加明亮，粉刺痤疮消退了，脸蛋也会渐渐地透亮、红晕了。另外，中医讲"肝藏血""人卧时，血归于肝"。因为肝经在丑时进行废旧与新鲜血液的代谢活动，所以丑时经常不入睡的人，必然会出现面色青灰、

□唇紫黑等症状。

肝不守魂，噩梦连连

丑时要有深度睡眠，这样才能让肝脏正常工作。可是有些人经常做噩梦，导致第二天起床后无精打采甚至烦躁不安。很多人对这种情况束手无策，毕竟谁也控制不了每天晚上做什么样的梦。其实，古人对噩梦的去除早已有研究，中医讲"心主神、肝主魂"，到了该入睡的时候，"神"和"魂"都应该回到该安歇的地方，可是"神"回去了，"魂"没有回去，这就叫作"魂不守神"。没"魂"的人怎么可能安稳的睡觉呢？所以总是睡不安稳，噩梦连连。中医对此的解决办法是：临睡前，用半个小时的时间，拍打肝经循行路线上的重要穴位，如果哪里感到酸痛、麻木，就多拍打一会儿。特别是一些脾气大、心气急的人，这样拍打按摩一会后，绝对有助于心平气和，安然入睡了。

寅时（03：00—05：00）：
细胞生长修复旺，睡出红润脸色

寅时是指凌晨3—5点的时间段，是肺经值班的时间。中医的经脉从肺经开始，可以说人体活动真正开始的时间就是寅时。肺在寅时完成人体血气的重新分配，此时人体完全放松休息，是入睡最深的时候。

寅时睡得熟，色红经气足

寅时是阳气的开端，是人体气血通过深度睡眠由静转动的转化时段也是细胞生长修复能力最旺的时间段。《素问·经脉别论》称"肺朝百脉"，指肺助心运行血液，并将精气输布全身。肝在丑时把血液推陈出新后，会将新鲜的血液提供给肺，再通过肺送往全身。经过这样的血液循环，人在清晨时就会面色红润，精力充沛。

亡羊补牢，寅时叩齿降低身体伤害

寅时睡得好不好，可以说是影响睡眠质量最重要的因素。但是随着生活节奏的加快，人们的生活方式也在发生变化，很多人为了工作，经常会熬夜到很晚，导致寅时想入睡时很难，更别说能深度入睡了。如果遇到这种不可避免的情况，那我们就把熬夜对机体的伤害降到最低吧！叩齿这个小动作，可以起到健脾从而补肺的作用。所谓"叩齿"，通俗点说就是空口的咬牙。叩齿的时候要放下一切手头的事情，全身放松，上下牙齿有节奏地相互叩击，力度则根据个人牙齿的情况量力而行。可以先从20次开始，以后再慢慢增加。

卯时（05：00—07：00）：
大肠进入工作状态，排毒最当时

卯时是早晨5—7点，此时"天门打开"，到了从睡眠中逐渐清醒的时间了。卯时是大肠活跃的时段，大肠的蠕动可以帮助毒素排出体外，我们也应该养成早上排便的习惯，把体内的垃圾和毒素赶走。

卯时给肠道做运动有助于排毒

中医告诉我们"欲无病，肠无渣，欲长寿，肠常清"，可见肠道排毒的重要性。肺与大肠相表里，肺在寅时将充足的新鲜血液布满全身，卯时，气血流注于大肠经，大肠进入兴奋的状态，从而完成吸收水分和营养，排出渣滓和毒素。如果卯时的大肠得不到充分活动，没法完成排浊，就会使浊物停留在体内形成

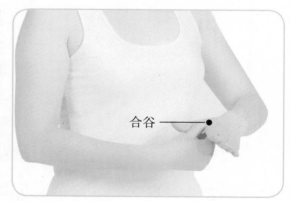

合谷

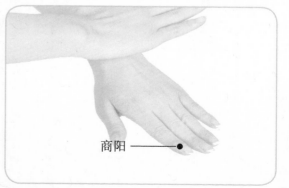

商阳

毒素，危害人体血液和脏
腑。肠道功能不好的人，
可以在平时按摩一下大肠
经，如用指甲点按商阳
穴、合谷穴和阳溪穴等，
每次10分钟以上为宜。按
摩过程中，若某处有酸痛
的感觉，可多按按，要坚
持每日按摩，直到疼痛消
失为止。

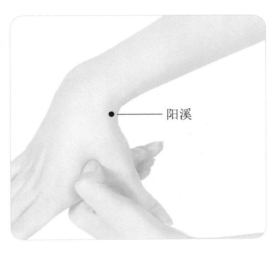

阳溪

常按合谷穴，带来好气色

　　合谷穴属于大肠经的穴道，位置在大拇指和食指的虎口间，是人
体元气经过和储留的地方。因为大肠经由手走头，所以常按合谷穴可

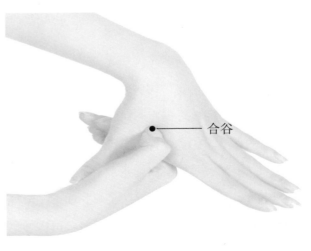

合谷

以使面部的疾病得
到恢复，带来好气
色。每天可对合谷
穴掐、揉、按5～10
次。这样既简单又
有效的小动作，上
班族的女士们，坐
在办公桌前就可以
进行了。

BIOLOGICAL CLOCK

辰时（07：00—09：00）：
吃东西不长胖，早餐吃九分饱

　　辰时是上午的7—9点，是胃经活动旺盛的时间段，也是早起后，最适宜吃早餐的时间。胃经是人体正面很长的一条经脉，胃脏、膝盖、脚面等都是胃经循行的路线。通常年轻人喜欢吃冷饮，损伤了胃气后，就容易长青春痘，要想抵制痘痘的话，最根本的也是要从胃经治起。

胃经靠食养，辰时要吃好早餐

　　从子时开始到卯时，是人体重新分配营养的时间，辰时吃早饭，就是要补充夜间所消化和流失的营养。上午7—9点是天地阳气最旺，人体肠胃消化吸收最强的时间，因此早餐吃多了也是不会发胖的。身体温暖，胃才会正常进行循环，早餐最好吃一些温和养胃的食品，如稀粥、麦片、面点等，再配以鸡蛋、火腿等荤

类食物就最好不过了。如果为了减肥而不吃早餐，会损伤脾胃。早餐一定要吃多、吃好。但是凡事都要有度，早餐多吃也不一定非要到吃撑的程度，九分饱刚刚好，这样才有益于脾胃的健康。

要想皮肤好，敲打胃经是妙招

皮肤是一面镜子，既能表明外在的皮肤问题，又能反映机体的内在健康。如果一个人面色萎黄，一般就是脾胃消化不好。我们脸部肌肤的光泽和弹性都取决于胃经供血是否充足。一般来说，脾胃功能好的人，肌肤常常滋润、丰腴。因此，意欲留住青春的女性，可以多敲打敲打胃经。

胃经循行部位起于鼻翼旁的迎香穴，挟鼻上行，左右侧交会于鼻根部，旁行入目内眦，与足太阳经相交，向下沿鼻柱外侧，入上齿中，还出，挟口两旁，环绕嘴唇，在颏唇沟承浆穴处左右相交，退回沿下颌骨后下缘到大迎穴处，沿下颌角上行过耳前，经过上关穴，沿发际，到额前。按摩时，轻轻敲打即可。

迎香

巳时（09：00—11：00）：
皮肤抵抗力最强，适合祛斑脱毛

巳时是上午的9—11点，此时脾经活动旺盛。脾主运化，这时我们吃的早饭开始消化，阳气在不断上升，是工作的最佳时段,也是皮肤组织抵抗能力最强，油脂分泌增多的时段。

上午9—11点，肌肤抵抗力最强的时间段

相对于一天中的其他时间，肌肤在上午9—11点期间的抵抗力是最强的。我们知道，祛斑、脱毛多少会伤害到脆弱的肌肤，所以这些工作就可以放到巳时这个皮肤抵抗力较强的时间段来做。浓密的毛发让男性更具男人味，可是却困扰着不少女性朋友们，而很多脱毛方法对皮肤都有伤害，特别是激光脱毛，容易造成色斑。上午休息在家的时候，自己可以选择一款口碑好的脱毛膏来脱毛。如果这时您正在上班，可以休息一下，给自己泡一杯柠檬冰糖汁，柠檬中含有丰富的维生素C和钙、磷、B族维生素等，可以消除面部色素斑、嫩白皮肤。周末的上午可以

做一个祛斑的面膜，如红酒蜂蜜面膜、蜂蜜鸡蛋祛斑面膜等，效果都非常不错。

巳时是开窗通风的最佳时间

在巳时，气温相对晚上和早晨已经升高，沉积在大气底层的有害气体基本散去，这时开窗，不但可以给室内换气，还有助于人们呼吸新鲜的空气。潮湿、光照差、空气不流通的房间很容易繁殖细菌和病毒，适当开窗通风，可以减少室内的病菌，有利于人们远离疾病，保证人体的健康。

午时（11：00—13：00）：
易现小细纹或脱妆，用喷雾补水

午时指中午的11点到下午的1点，此时心经当令。按照中医的说法，午时和子时都是天地气机的转换时期，人体也应作出适当的调整。睡好午觉以养心，可使下午甚至晚上的经历充沛，同时还有助于面部的充分放松。人体的阳气从子时开始生发，到午时最亢盛，午时过后阴气开始渐盛。人在午时的时候身体最容易缺水，这时候女性朋友们就要注意给肌肤适时地补水了，特别是整天面对电脑的白领们，如果忽略掉午时对肌肤的养护，很容易因干燥而出现细纹和脱妆的现象。这个时段，肌肤对营养成分较高的护肤品的吸收能力较弱，使用一些单纯的保湿产品，如保湿喷雾是最好的选择，可以使皮肤更有生气。

补水喷雾，补水神器

补水喷雾器近几年比较流行，是很多白领女性包包里的必备单品。它使用方便，可以随时给肌肤补充水分，同时能舒缓镇静肌肤。使用时，要保持喷雾器和脸部一个手臂的距离，由上至下来回喷，这样长距离喷射出的水雾会很快被吸收。如靠近脸部容易喷出水滴来，空气中的二氧化碳会吸收这些水分，容

易让肌肤变得更干。若你有化妆的习惯，那么适度使用保湿喷雾会有定妆的效果。不过，如果选择那种喷出水滴过大的喷雾器，则会适得其反，造成脱妆了。选择喷雾器时千万要注意，最好选择喷出水珠小而密的那种。

专宠独享，自制保湿喷雾剂

一款好的保湿喷雾要不含香精、防腐剂、能保证水质的天然纯净，同时还要有补水舒缓的功能。我们不妨动手来制作专属自己的保湿喷雾剂吧。

玫瑰花水喷雾剂：用普通的玫瑰花水（非饱和纯露）和蒸馏水，以1:1的比例混合，用力摇匀后静置24小时，选择喷嘴较好的喷瓶，将配置好的玫瑰花水放入其中，即可使用。这款喷雾剂有极高的保湿功能，还可以平衡皮肤的酸碱度。

芦荟丝瓜喷雾剂：用芦荟水和丝瓜水各20毫升，混合放置后，滴入几滴甘油，置入喷雾瓶中即可使用。这款喷雾剂可以保湿、滋润、镇定皮肤，还可以增强皮肤的弹性。

竹叶去火保湿喷雾剂：在药店买500克竹叶，剪碎后用1000毫升矿泉水文火煮5分钟，把竹叶过滤掉。冷却后滴入几滴甘油搅拌均匀，装入喷雾瓶中即可。竹叶能清热去火，且含有独特的保湿因子硅，防止水分流失的同时，还能在肌肤外形成滋润的保护膜，既补水又锁水。

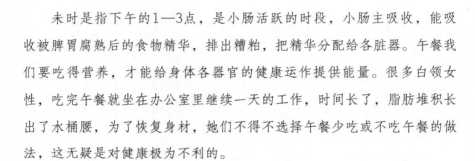

未时（13：00—15：00）：
多喝水，跟腰部"游泳圈"说"bye"

未时是指下午的1—3点，是小肠活跃的时段，小肠主吸收，能吸收被脾胃腐熟后的食物精华，排出糟粕，把精华分配给各脏器。午餐我们要吃得营养，才能给身体各器官的健康运作提供能量。很多白领女性，吃完午餐就坐在办公室里继续一天的工作，时间长了，脂肪堆积长出了水桶腰，为了恢复身材，她们不得不选择午餐少吃或不吃午餐的做法，这无疑是对健康极为不利的。

子时多喝水，有助于小肠排毒

下午1—3点，血气流注于小肠，也是小肠进行辨别清浊和吸收的时刻。此时多喝水、喝茶，有助于小肠的排毒降火，体内不该吸收的垃圾被及时排出体外，从而避免多余脂肪在腰部和腹部的堆积。此外，未时按摩一下手太阳小肠经，可以消除身体水肿的问题。手太阳小肠经是从手小指外侧端开始，向上沿着手臂外侧，经过后背肩膀，在大椎

穴处与督脉相交的一条循经。

要在下午1点前用午餐

忙碌的生活，让很多人忽略掉了健康的作息、饮食习惯。工作一忙起来，常常忘记吃饭，或者下午很晚才吃午餐，这都是对健康有害的。午餐最好在中午12点半左右吃，不要赶在正午12点，因为这时是人体气血最旺的时候，身体处于亢奋的状态；也不要在下午1点以后吃午餐，因为下午1—3点，是小肠充分吸收和分配营养的时候，如果这个时候吃午餐，就会扰乱小肠的工作，导致营养物质没有完全吸收，在人体内形成垃圾，不利于减肥。

申时（15：00—17：00）：
胰腺步入活跃阶段，适当活动一下

申时是下午的3—5点，是人体膀胱经最旺盛的时段。膀胱经在中医里号称"太阳"，因为它就像太阳一样，能把精液气化。膀胱经与神经相表里，如果膀胱经的气化功能不足，会使肾经里的水液调不上来，人会出现口干舌燥等情况。

申时抖抖身，以养真气

申时人体的真气入注于膀胱经，这条经脉由头走足，流经头、项、背、腰、下肢。下午3—5点，是一天中容易疲乏的时期，女性朋友们可以离开办公桌，适当地做做运动，来养护真气，缓解疲劳；或者约上几个同事，出去打会儿球、散散步。如果没有时间外出运动，也可以站起来抖抖头、扭扭脖子、抖抖胳膊和腿等。

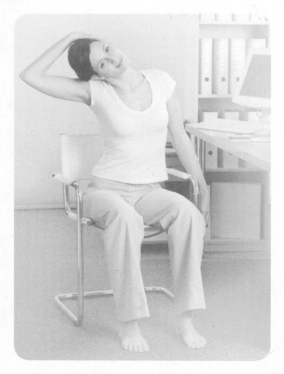

申时多喝水、不憋尿，对健康大有益处

俗话说："人可三日无粮，不可一日缺水！"水占人体总量的50%～70%，占血液的90%，占肌肉的70%，占骨骼的22%，我们每天都要适量饮水。在每天的申时更应该多喝水，因为膀胱经是人体最大的排毒通道，申时膀胱最活跃，是人体最佳的排毒时机，这时喝水不但可以帮助膀胱经排出体内的毒素，还可以帮助减肥。

水喝多了自然要排泄，此时无论多忙，千万不要憋尿，否则会增大膀胱壁的压力，减弱膀胱的抗菌作用，容易引起膀胱炎，出现尿频、尿急等不适症状。

酉时（17: 00—19: 00）:
肾脏开始贮藏精华，不能剧烈运动

  酉时是傍晚的5—7点，是肾经最旺盛的时间。中医讲，肾藏生殖之精和五脏六腑之精。肾在酉时进入贮藏精华的阶段。那么，什么是肾经呢？通俗来讲，肾经就相当于人人都喜欢的"钱"，当你需要什么的时候，就可以拿出钱来买。类似地，当人的机体有需要的时候，肾经就会把精调出来换取，比如，人体缺气的时候，就可以调出精来补气。可见酉时是人体很重要的蓄积能量的时段。

瘦身运动不要在酉时进行

  我们知道，申时要多喝水来帮助排毒，这个阶段结束后，就进入到了人体贮藏精液的时间了。《黄帝内经》认为，肾藏生殖之精和五脏六腑之精。肾为先天之根。如果酉时没有让肾藏好精，身体的根本就会受到损伤，健康都没有了，又何来的美丽呢？酉时不宜喝大量的水，也不宜剧烈运动。不能为了瘦身美颜，损伤了身体的健康。

酉时控制食盐，以补元气

中医讲的元气，虽然看不见、摸不到，却是维系我们生命的很重要的东西。因为元气藏于肾，而咸味是入肾的，所以中医主张早饭要吃盐来调动元气，保证一天的精力。申时少吃盐，以免盐分过多，引起水钠潴留，增加肾的负担，诱发血压高和水肿等问题。晚餐时我们要注意饮食的清淡。也可以在每天下班前喝一杯水，大多数人的下班时间是在傍晚5—7点，也就是酉时，养成每天在酉时喝一杯水的习惯，可以帮助人体排石洗肾以及促进膀胱的排毒。

戌时（19：00—21：00）： 按揉心包经，让心情彻底放松

　　戌时是十二个时辰里的第十一个时辰，指晚上的7—9点。这时周身的气血流经心包经，属于心包经"值班"的时段，阴气也逐渐加重。那么什么是心包经呢？心包经其实就是心脏的外膜组织，保护心肌的正常工作。在中医理论中，心包经主喜乐，人在戌时可以适当进行些娱乐活动，让身心愉快。

常按心包经，赛过吃人参

　　心包经是两臂内侧中间的一条经络，从心脏的外围开始，到达腋下3寸处，沿着手臂内侧直到中指。其左右各有9个穴位：天池穴在前胸上部；天泉、曲泽、隙门、间使、内关、大陵、劳宫、中冲等穴位分布在肢掌面；起于天池穴，止于中冲穴。心包经上的每个穴位都是无价之宝，有助于调节人体的阴阳平衡。

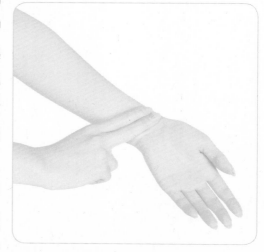

　　大多数情况下，心脏的毛病都可以归纳为心包经的病。比如没有缘由的感觉心

慌或心脏似乎要跳出胸膛了，这就是心包经受邪引起的。经常按揉心包经，可以保证血液在血管中畅通地流淌，排出体内多余的胆固醇，对于解郁、解压的效果也非常好。虽然人参是最好的养心中草药，但是经常按摩心包经，也能达到和人参相似，甚至更好的养心效果。

按摩心包经时，要从胸到手沿着这条经线一点点地按压过去，按压的速度不宜太快，要让经络上的每一点按压，都能传送到心包上，穴位的正确与否不重要，只要在心包经这条线上就行，遇到痛点就多按一会，直到疼痛消失为止。

按摩心包经，跟身上的肉肉说拜拜

有些女士通过节食来减肥，可是身体变弱了，脂肪却不见减去多少。很多时候，肥胖不是吃得太多，而是排得太少。如果一个人的气血能量不足，不能将体内的废物排出体外时，这些垃圾就会堆积在人体内部组织的缝隙里，从而让人一点点肥胖起来。经常按摩心包经，可以使经络中的气血流动畅通，将人体内的垃圾带走，有效防止体内垃圾的堆积，从而达到减肥的效果。对心包经的按摩手法同上。

亥时（21：00—23：00）：
卸妆清洁，帮助皮肤恢复生机

亥时是指晚上的9—11点，"亥"字在古文中是重新孕育生命的意思。此时段要让心情舒畅，有个好睡眠，来迎接生命的开始。对于皮肤也一样，要想让肌肤重获新生，就要从亥时对肌肤的清洁保养做起。

"平民"也能贵族化，在家做个面部SPA

晚上是皮肤最敏感、脆弱的时期，皮肤在紧闭了一天之后也需要释放和休息。这个时候要给肌肤做个睡前的深度清洁，赶走一天的油渍和污垢，让肌肤可以畅快地呼吸。如果想让自己在第二天容光焕发，不妨试试在家里给面部做个SPA吧。

首先，在脸上涂抹一层按摩霜（晚霜也可），用双手轻轻地按压面部肌肤，让按摩霜更均匀地敷在面部。

第二，用食指关节弯曲处，轻轻地按压眼眶，来舒缓眼周肌肤的疲劳。

第三，用双手沿眼眶轻轻刮到太阳穴，并按压太阳穴，可以改善微循环，舒缓疲劳。

第四，用食指关节弯曲处，沿眉毛往发际处刮按，可以改善额头的抬头纹和干纹现象。

第五，用食指关节弯曲处，从下巴往两侧刮按，可以消除双下巴和法令纹，减少嘴角的下垂。

第六，用热毛巾敷面，10～15秒后，用毛巾轻轻擦拭肌肤多余的面霜。

亥时来杯睡眠茶，养生又养颜

晚上9—11点，要为睡眠做好充分的准备，要想达到养生、美容的目的，就要放下一切杂念，放松身体和心情，美美地睡上一觉。而且晚上11点前入睡，最能养阴。随着生活压力的增大，很多女性朋友会出现或轻或重的失眠现象。经常失眠，不但损伤身体，还会影响容颜，出现皱纹、早衰的现象。此时，不妨来一小杯有助睡眠的花草茶，如茉莉花茶、莲花茶等。因为这些茶不含咖啡因，热量又低，所以不用担心会给肠道增加负担。

第四章

睡眠生物钟：美容觉魔法带来肌肤大改造

BIOLOGICAL

CIOCK

睡的时间对不对，决定你能否成为"睡美人"

现在的都市白领们，白天承受着几乎和男人同样的压力，总是忙忙碌碌地过完一天，很多人更愿意在晚上来释放自己，而非乖乖地吃饭睡觉。比如熬夜上网聊天、看影视剧，约上三五好友外出唱歌等，常常凌晨才能够休息。但是，"女人是水做的"，经常熬夜会使肌肤严重缺水，人的衰老速度也会直线上升。人体很多代谢和排毒工作都是在晚上的睡眠中进行的。要知道，睡眠对女性的美丽起着至关重要的作用。一般来说，人每天的正常睡眠时间保持在7~8个小时就足够了，但同样是8个小时的睡眠，夜晚和白天的作用却大有不同，不同季节的入睡、起床时间也需要作出不同的调整，因此我们要找对正确的睡眠时间，做个"睡美人"！

身体排毒有定时，"无毒"的女人最美丽

我们日常摄入的食物如果没有被完全排出体外，时间长了，就会在体内堆积变成有毒物质。这些毒素将导致机体热能代谢平衡失调，耗伤人体的津液，使人出现皮肤干燥、瘙痒、面部痤疮等现象。人在夜晚睡眠时，五脏六腑却在活跃地进行排毒工作。生物钟告诉我们：晚上9—11点是免疫系统排毒的时间，晚上11点至凌晨1点是肝脏排毒的时间，凌晨1—3点是胆排毒的时间，凌晨5—7点是大肠排毒的时间，一定要在这些时间段打好"美容保卫战"。充足的睡眠是保持青春常驻的首要条

件，身体里的毒素少了，人就会自然透露出一种自然的健康美丽。

失眠不再愁，深度睡眠也可以吃出来

夜晚，人进入深度睡眠后，身体才会活跃地进行排毒工作。随着女性社会压力的增大，失眠这个常常冒出来困扰我们的难题，似乎让睡眠美容成了非分之想。其实，想要安眠，食物也可以帮助你，容易失眠的女性朋友们不妨试试。

苹果的芳香成分，对人的神情有较强的镇静作用，可催人入眠。此外，睡前在床边放一个剥开皮的柑橘，其芬芳的气味也可以镇静中枢神经，帮助您入睡。

核桃对抵制人的神经衰弱、失眠健忘、多梦等有益，常食有利睡眠。

鱼、虾、鳝鱼、牡蛎等食物能有效改善神经衰弱的症状，多吃可以促进良好的睡眠。

牛奶含有色氨酸和肽类这两种催眠物质，睡前喝一杯牛奶，足以起到安眠的作用。

完美的"美容觉"，做到这些就够了

美容觉，是指晚上10点至次日凌晨2点的睡眠时间，因为这段时间是人体新陈代谢进行最多的时间段。我们知道，睡眠要经过深度睡眠、做梦和浅度睡眠几个阶段，如果睡得越晚，深度睡眠的时间就会越短，可以让肌肤充足休息的时间也就越少，千万不要因为熬夜而错过了保持美丽容颜的最佳时机。

睡前几个小妙招，让你睡好美容觉

1. 晚餐中尽量避免或少量摄取盐分，要少喝酒和水，以免早起时出现面部和眼睛的浮肿。

2. 容易失眠的人，不妨在睡前喝杯热牛奶，因为牛奶含有松弛神经的成分，可以帮助你轻松入睡。

3. 如果入睡困难，可以在睡前听听优美的轻音乐。

4. 裸睡会让人有种无拘无束的自由快感，能增强皮肤腺和汗腺的分泌，有利于皮肤的再生。不妨尝试着裸

睡吧。

5.给身体补充些优质的胶原蛋白，让皮肤有充足的营养来进行代谢和自我修复。

6.如果多梦易醒，适当补充些有助于提高睡眠质量的营养，应该是不错的办法。

手机、手表、彩妆
——让美容觉的杀手们通通远离你

除了个体本身的睡眠质量外，一些外界的事物也会成为影响美容觉的因素。如手机的电磁波，能影响人的神经系统与生理功能，从而影响睡眠。此外，电磁波还会使人体的褪黑激素分泌降低，不利于美白。睡觉时还佩戴着手表，除了会有束缚感外，手表的微量电磁波，石英表的镭辐射等，也会影响神经、脑波，导致人们不易入睡。而睡前如不卸去脸上的彩妆，会令毛孔堵塞，影响细胞的代谢，从而加速脸部肌肤老化和粉刺的产生。

让皮肤"吃饱"以后再睡觉

　　肌肤的保养，是一门精细的学问，这是爱美女士值得付出时间和精力去研究的问题。的确，天生的美女是上帝的宠儿，可只占少数。对绝大多数"美眉"来说，要靠自己的后天努力，来呵护自己的容颜，使皮肤"青春永驻"。美颜护肤的学问有很多，最关键的就是贵在坚持。俗话说："没有丑女人，只有懒女人。"那么睡前要对肌肤做足哪些功课呢？

肌肤也"挑食"，晚餐要清淡

　　我们在睡眠过程中，皮肤的水分和营养也会随着身体代谢流失掉，晚餐吃些清淡的食物，如蔬菜、水果、鱼和含原青花素或甲壳素的食品，可以帮助皮肤恢复光泽和弹性，让皮肤白皙红润，同时还可以消除黑眼圈。最好不要食用辛辣、油腻的食物，因为辛辣的食物会刺激胃部，影响睡眠，油腻的东西会加重肠胃、肝胆的工作负担，刺激神经中枢处于工作的状态，因而导致失眠，影响睡眠的美容功效。

肌肤的睡前保养，精油妙不可言

精油是从植物中萃取的精华成分，有美白淡斑、收敛毛孔、淡化细纹等诸多护肤功效。睡前用精油进行保养，可以唤醒肌肤的光彩。下面就教大家一个简单易行的精油护肤方法。

睡前，在一盆热水中滴入几滴精油，搅拌均匀，先用热水的蒸汽蒸脸部，水温降低后，将脸浸入到水中，3～5分钟即可。这个方法可以有效改善皮肤干燥、暗沉等问题。如果肤色晦暗，可以使用玫瑰加天竺葵的精油；皮肤干燥脱皮，可以使用玫瑰、檀香木加洋甘菊的精油。另外，睡前服用点维生素C和胶原蛋白产品，更有利于肌肤在睡眠时得到充分的营养修复。

夜间过敏，不是晚霜惹的祸

女性在热衷护肤的过程中，往往忽略了护肤方法的正确与否，最后很可能花了不少钱，却起到适得其反的作用。要想达到事半功倍的效果，就要多了解肌肤的运作机理以及它的喜好才行。

皮肤过敏容易在夜间出现

有些人在睡前涂抹晚霜后，过不久就出现了过敏的现象，这是怎么回事呢？难道是晚霜有什么危害性吗？其实不然。破坏肌肤生长平衡的因子一般都出现在日间，当肌肤处于外在环境10小时后，过敏的现象会达到高峰，肌肤白天受到的刺激，会到晚上才出现不适，而非晚霜的问题。

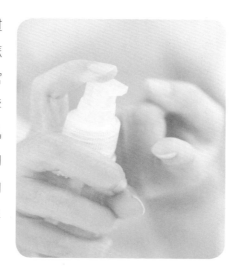

对抗皮肤过敏，美颜有捷径

你的日常护肤习惯都正确吗？当皮肤出现过敏现象时，你有应对的良策吗？

1. 皮肤发炎了，干干红红的怎么办？很多人认为皮肤粗糙、干红，没法见人，干脆多用些粉给遮盖起来，这其实是不对的。正在发炎的肌肤特别敏感，这时就要放弃化妆，让肌肤能轻松呼吸，否则会让皮肤更受伤。如果非要遮盖，先涂些防晒霜，再加蜜粉就可以了。

2. 皮肤又干又痒，可能是过敏了。很多人认为这种情况改用滋润些的乳霜会比较好，其实，太油或太滋润的护肤品，对敏感肌肤反而是负担，也不容易吸收。试试比较稀释的乳液吧，它应该比乳霜和精华液更适合敏感的肌肤。

3. 肌肤出现敏感现象，换成全套的抗敏感保养品就行了吗？其实这是不安全的，因为敏感肌肤可能会一下子适应不了这种改变，可以先从乳液开始逐渐全部换掉。如果是含酒精等比较刺激的产品，当然就要马上换掉了。

增加深度睡眠和快速眼动睡眠

深度睡眠也被称作"黄金睡眠"，一般占整个睡眠时间的25%。深度睡眠可以有利于人的完全放松和身体机能的正常运作。人的夜间睡眠可以分为5～6个循环的周期，每个周期的时间为60～90分钟，由非快速眼动期和快速眼动期组成。非快速眼动期又分为浅睡期、轻睡期、中睡期和深睡期；快速眼动期是睡眠中脑电波频率变快，振幅偏低，出现心率加快、肌肉松弛、眼球不停左右摆动的时期。

中睡期、深睡期和快速眼动睡眠期，对缓解疲劳作用较大

有研究表明，虽然浅睡期和轻睡期大约占整个睡眠时间的55%，可是对解除疲劳的作用甚微；而中睡期、深睡期和快速眼动睡眠期对解除疲劳的作用却较大。这是因为在深度睡眠的情况下，人的大脑皮层处于充分的休息状态，即使这种睡眠只占睡眠时间的25%。要想提高睡眠质量，最重要的是延长深度睡眠和快速眼动睡眠期的时间。

按按穴位，延长深度睡眠

中医认为，足部是人体的根，多给足部做按摩，有助快速进入深度睡眠期，治疗各种失眠。按摩前可以做个足浴，用有改善睡眠功效的植物泡足效果更佳。可一边浴足一边按摩涌泉穴、太溪穴、太冲穴、三阴交穴这四个穴位，3～5分钟即可。另外，也可以试试中医推荐的有助睡眠的泡脚方：炙远志50克，玄参100克，茯苓100克，丁香15克，夜交藤50克。加水煎煮45分钟后，浴足，水量以没过双足脚踝为宜。

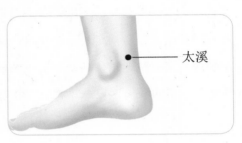

太溪

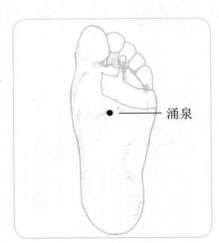

涌泉

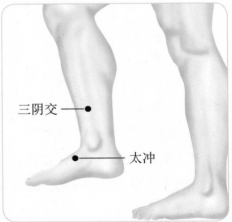

三阴交

太冲

肌肤夜间新陈代谢，睡眠面膜是秘密武器

随着人们生活品质的提高，女性越来越关注护肤的科学有效性。夜间，当大脑、肌肉和感官系统处于休眠状态时，人体的细胞正在进行着恢复、再生等活动，而且此时细胞更新的速度比白天快8倍左右，对护肤品的吸收也特别好。因此，白天保护肌肤，夜晚修护肌肤，已成为越来越多的女性所认可的护肤理念。

23.6岁开始，夜间更要修复肌肤

你知道吗？肌肤细胞也有自己的生物钟，白天可以抵御外界的一些伤害，夜晚则通过新陈代谢来进行自我修复。有研究发现，亚洲女性的新陈代谢指数从23.6岁开始降低！到了这个年纪，女性身体内的胶原蛋白容易流失。不过，只要在夜晚做好修复的工作，肌肤老化的问题自然不会来困扰你了！

自制睡眠面膜，帮助肌肤夜间的新陈代谢

夜晚，肌肤细胞开始大量吸收养分，加速运动。此时，无论是保湿、紧致、美白还是修复，效果都能最大化。比起爽肤水和晚霜等护肤品，面膜同时兼具保湿、紧致、美白、抗衰老等功效，可以说是夜间修护肌肤最有利的武器。下面

就传授大家几款可以自己在家自制的睡眠面膜,既经济实惠,又安全环保!大家可以根据每款面膜的具体功效来适当选择。

蛋清面膜:取鸡蛋一个,去蛋黄,将蛋清打入碗内;搅拌至起白色泡沫后,加入新鲜柠檬汁6～8滴,搅匀直接涂在脸上。具有收敛皮肤、消炎抗皱的作用。

银耳面膜:准备银耳、白芷、茯苓、玉竹各50克,共同研成细末。每晚取粉5克,配面粉3克用水调匀涂面,次日清晨洗去。银耳、白芷、玉竹均能滋养肌肤,茯苓能祛面斑并引导诸药直入肌肤,但面部患有皮炎的人要慎用。

牛奶面膜:用鲜牛奶1汤匙,加4～5滴橄榄油,面粉适量,调匀后敷面。牛奶面膜具有收敛的作用,可消除面部皮肤上的皱纹,增加皮肤弹性,使皮肤清爽润滑。

香蕉面膜:将香蕉去皮捣烂成糊状后敷面,15～20分钟后洗去。长期坚持可使脸部皮肤细嫩、清爽,比较适用于干性或敏感性皮肤的面部美容。

酸奶维E面膜:准备4颗维生素E、2汤匙酸奶、半汤匙蜂蜜和柠檬汁,将以上所有材料放在碗里,一起混合搅拌均匀,把面膜涂抹在脸上15分钟后,洗去即可。这款面膜可以祛痘印,使肌肤变得干净白嫩。

酸奶草莓面膜:酸奶100毫升、草莓6颗,将草莓捣烂后和酸奶混合调成糊状,涂抹在脸上20分钟后洗去即可,可以防止皮肤干燥、老化,使肌肤润泽、细腻。

熬夜睡不够，第二天迅速补救！

都市多彩的夜生活，使得人们越来越难以保证晚上9点上床、10点睡觉的正规睡眠时间了。我们都知道，睡眠也是天然的护肤过程，破坏了这个自然的养肤规律，面部暗沉、出现暗疮等肌肤问题就会逐渐显现。那么，一旦避免不了熬夜，爱美的女性朋友们可以尝试一些小方法来补救，以降低睡眠不足给肌肤带来的伤害。比如，起床后洗脸，可以用冷热水交替的方法来刺激脸部的血液循环，避免熬夜带来的浮肿；喝一杯枸杞茶，补气养身；睡前或起床后做一个保湿面膜，补充肌肤的水分等。

熬夜后，多吃水果缓解肌肤伤害

经常熬夜的女士，可以通过吃水果来调理容易出现的皮肤问题，下面就为您推荐几种非常适合熬夜族吃的水果，既养颜又养生。

葡萄：葡萄因其所含丰富的抗氧化成分，有延缓衰老的作用，另外对缓解神经衰弱、疲劳过度也有很好的功效，非常适合熬夜的人食用。

苹果：苹果富含果胶、维生素和矿物质等，可以使皮肤变得细腻，有助于美容。同时，苹果含有独特的果酸，能够加速人体代谢，从而解决因熬夜带来的肥胖问题。

橙子：橙子富含维生素C，可以减轻电脑等辐射对肌肤的危害，还可以抑制色素形成，使皮肤变得白皙润泽。另外，橙子中特有的纤维素、橙皮甙等物质，有增强机体免疫力，清肠通便，排出体内有害物质的功效，对于熬夜导致的便秘有较好的疗效。

急救熬夜后的黑眼圈，眼霜、眼膜不能少

眼霜、眼膜等是解决黑眼圈、眼袋问题的最佳、最速效的选择。涂抹前，将面部和眼周围清洗干净，最好先做一个以去除细纹、眼袋、黑眼圈为主的眼膜，然后涂上有精华成分的眼霜，效果更佳。但是，单纯的美白眼霜对于血液循环不畅所引起的青色黑眼圈，几乎是没有作用的。

除此，一些生活小妙招也可以帮助你消退黑眼圈。比如，将一小杯茶水放入冰箱中冷冻15分钟左右，取出后，用化妆棉在茶中浸一下，然后把化妆棉敷在眼皮上，可以减轻黑眼圈的程度；也可以用热鸡蛋来对眼部周围按摩，煮熟的鸡蛋去壳，用毛巾包裹后，按摩眼部四周，可以加快血液循环。

附：你属于云雀、蜂鸟，还是猫头鹰？

由于生物钟的不同，有些人天不亮就跳下床，还可以精神饱满地开始一天的工作；有些人却要到中午才会开始苏醒，晚上开始生龙活虎地工作。根据这些特征，我们将人群分为云雀、蜂鸟和猫头鹰这三种类型。

云雀型：这种类型的人，比较符合我们传统的生活方式，习惯早睡早起，一般晚上10点左右睡觉，早晨5点左右就起床了。这类人，一般上午的精力旺盛、工作效率高，下午的状态较上午稍差，晚上就会觉得疲劳，需要早早地上床睡觉。

蜂鸟型：这种类型的人，既没有熬夜的习惯，也没有早起的习惯，一般是晚上11点之前睡觉，早上7点左右起床。属于这种类型的人还是占多数的。他们偶尔也会因为某件事情早起或者熬夜。

猫头鹰型：这类人晚上的精力比白天还要旺盛，习惯晚睡晚起，晚上的工作效率较高。常常在夜晚会迸发出灵感和创意来。这类人宁可加班到凌晨，也不愿意早早起来干工作。

这种睡眠生物钟类型取决于遗传因素和年龄的因素。有研究发现，对于同一件事情的选择，猫头鹰型会比云雀型的人推迟10~40分钟的时间。我们可以根据自己的睡眠生物钟来选择适合自己的生活习惯，从而有效地进行睡眠美容。

第五章

饮食生物钟：
食物是美颜的神奇伙伴

BIOLOGICAL
CIOCK

一日三餐分配方案，享受美食不长胖

一日三餐是人体所需营养的重要来源，每一餐都有其重要的作用，所以，即使减肥，也不要随便省略掉三餐中的任何一餐。其实，要想吃得美味、健康又减肥，还是有很多办法的。

节食减肥有误区，不吃早餐更易变胖

人体一旦觉察到营养匮乏，最先消耗的是碳水化合物和蛋白质，最后才消耗脂肪，因此早上饿着肚子对脂肪的消耗没有太大的帮助。而且，早晨是肠胃吸收、消化最活跃的时间，人体所摄取的食物不容易转变成脂肪。如果不吃早餐还会导致午餐吃得更多，反而会造成脂肪的堆积。下面就给大家推荐两款有助瘦身的早餐食谱。

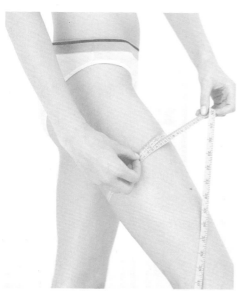

1. 酸奶和西红柿的维生素A含量都比较高，早餐可以来一杯新鲜的酸奶，加一个西红柿，再来两片全麦的面包。这样搭配食用既可以促进肌肤细胞的新生，还能瘦身、明目。

2. 粟米富含胡萝卜素和各种维生素，红枣可以补气血，早上来一碗红枣粟米粥，再加一个脂肪含量较少的鸡肉三明

治，营养结构合理，既可以降低热量的摄入又能增强免疫力。

减肥也要适当摄入脂肪，午餐脂肪巧选择

为了减肥，完全不摄入脂肪类的食物既不可能，又损害我们的健康。脂肪分为三类，第一类能增加胆固醇的含量，如各种畜肉等；第二类对人体胆固醇的影响较小，如蛋类、鸡肉等；第三类是可以降低胆固醇的脂肪，如玉米油、橄榄油等。午餐我们可以选择进食第二类和第三类的脂肪，这样既补充了身体所需的营养又不会增加脂肪的含量。

不吃晚餐害处多，晚餐做到早、少、淡

很多人觉得只要早餐和午餐摄入足够的营养就行了，晚餐既不重要，还会增加脂肪，干脆就省了。其实，不吃晚餐是个很不好的习惯，我们中午吃的食物，大概在下午五六点钟就消化完了，到睡眠这段时间，已经没有食物可供胃部消耗了，而胃还在继续分泌着胃酸，这会对胃部造成一定的损伤，时间长了，易发胃病，甚至可能导致胃癌的发生。由此可见，晚餐是不可直接省略掉的。为了不影响胃部的消化和睡眠，晚餐最好安排在下午6—7点，最晚不要超过晚上8点。

晚上人体的新陈代谢变慢，为了减肥和健康，晚餐我们要少吃油腻、不易消化的食物，多吃粗粮、青菜等纤维质丰富的食物。另外，蛋类、豆制品也都是晚餐的好搭档。晚餐也不宜过饱，否则不但会引起肥胖，一些不能被及时消化的蛋白质，在细菌的作用下，更会在体内变成有毒物质，影响我们的健康。

不同食物对情绪的影响

你知道吗？我们日常所吃的很多食物对人的情绪也有一定的影响。早上喝点咖啡确实有提神醒脑的作用，但是如果咖啡喝得多了，就会使人感到烦躁、易怒；喜欢吃辣的人，吃辣以后会产生短暂的愉快感，这是因为辣椒中的辣椒素刺激了口腔神经末梢，大脑便释放出可以使人愉快的物质——内啡肽；香蕉中所富含的镁，可以缓解紧张的情绪。

情绪食品，让你保持良好的状态

情绪食品，就是能够让我们保持良好情绪的食品。肾上腺素和5-羟色胺类是影响人们情绪的主要神经递质，食物中的有些营养素正是这

些神经递质的前体。当体内摄入这些食物后，经过脏腑的一番加工、传递，最终可以影响我们的情绪。

蛋白质类的食物，可以在体内分解为酪氨酸，它是肾上腺素的前体，可以提高此类神经递质的含量，从而使人处于比较主动的情绪中，像鱼、肉、蛋、奶等都是高蛋白食物的代表。碳水化合物类的食物有利于色氨酸进入

脑细胞，色氨酸是5-羟色氨的前体，5-羟色氨能起到放松、令人平静的作用。所以吃些巧克力、甜品、水果、谷物等食物，可以让人们的心情稳定而愉快。

饮食可以泄露情绪秘密

饮食可以影响一个人的情绪，相反，从一个人的饮食喜好中我们也可以窥探出他的情绪变化。美国心理学家辛西娅·博尔女士经过30多年的研究发现，改变饮食可以控制自己的情绪，她发现，情绪紧张的人喜欢吃松脆含盐的食品；身处危机需要安慰的人，喜欢松软的甜食；发怒的人更喜欢食用肉类等。当你心情有波动的时候，不妨通过改变饮食来缓解一下情绪吧。

选对时间喝水，瘦身同时皮肤水当当

饱满光滑的肌肤离不开水的滋养。很多人认为，减肥只要不吃主食和肉类多喝饮品就可以了。其实，只喝水和饮料也会让你获取很多的热量，只有正确的喝水方法，才会让你不再忍受节食之苦，轻松的减肥。

三个时间段喝水，可以速效瘦腰

在什么时间段喝什么水，对于减肥至关重要。腰腹部是最容易堆积脂肪的地方，下面我们就一起来学学什么时间喝水有助于瘦腰吧。

第一个时间段：早起喝杯温开水。白开水中不含蛋白质、脂肪和碳水化合物，既可以补充细胞水分，又可以加速肠胃蠕动，帮助身体排出晚上的代谢物，减少小肚子出现的机会。一般饮用300毫升的温开水即可，最好小口地喝，以免出现猛喝水导致的头痛、恶心等症状。

第二个时间段：餐前喝水，减少进食量。餐前及时给身体补充水分，不但会有饱腹感，更因为水分充足了，身体会更加喜欢蛋白质而不是令人发胖的碳水化合物。一杯水能刺激交感神经系统1.5～2小时，因此所分泌的肾上腺素可以使体内的脂肪逐渐消耗，这是比节食更稳定持久的减肥方式。

　　第三个时间段：下午喝水可以减赘肉。下午，是人易感觉疲劳、倦怠，容易进食不必要热量的脆弱时间段，这时候喝杯水或来杯花草茶，不但可以降低食欲，也可以为晚餐的七分饱打下埋伏。

上午来杯柠檬水，下午来杯花草茶

　　柠檬水可以促进消化，帮助减肥，其中的柠檬酸成分能够帮助肠胃排毒，加快人体的新陈代谢。同时，柠檬的气味有舒缓神经的作用，可以提高你的工作效率。早餐和午餐之间来一杯柠檬水是不错的选择。下午是上班族女性的易疲劳期，为了减肥还不能多吃东西增强营养，这时，不妨选一款既可以抑制食欲，又能减肥养颜的花草茶吧。比如，洛神花可以促进胆汁分泌，从而分解体内的多余脂肪；玫瑰花茶能够活血化瘀，调整内分泌，是美容瘦身的佳品；陈皮性温，用其泡茶可以帮助消化，减少腹部脂肪的堆积。

"夜猫子"调校饮食生物钟全攻略

　　随着社会经济的快速发展，人们的生活节奏也在不知不觉间加快，很多人都感觉到时间不够用，白天要忙忙碌碌地工作，只好从晚上挤出属于自己的娱乐生活时间。所以熬夜已经成为现代社会司空见惯的事情。有研究显示，女性长期熬夜会改变身体原有的生物钟，引起生命节律发生紊乱，随之会带来月经不调、乳腺病变等问题，长期熬夜或失眠更会使女性面容憔悴、暗黄甚至早衰。所以我们要安排好自己的生活，尽量做到按时睡觉、按时起床。如果避免不了熬夜，那就通过饮食调理等方法把熬夜对身体的伤害降到最低吧。

夜宵要清淡，维生素等营养物质是熬夜的"急救针"

　　熬夜时，要避免进食油腻或辛辣的食物，也不要吃得过饱，以免造成肠胃的负担，更不要一饿了就吃泡面，这样会使身体火气太大，容易长出痘痘等。以方便食品而言，熬夜时如果饿了，可用水果、面包、清粥、咸菜等充饥。如果夜宵有条件自己做或在外面吃正餐，那么最好选择食用一些富含维生素和蛋白质的食。

　　维生素A是人体上皮组织所必需的物质，我们的皮肤以及体内各种黏膜均属于上皮细胞，当维生素A缺乏时，眼睛的角膜会干

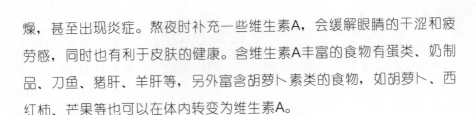

燥，甚至出现炎症。熬夜时补充一些维生素A，会缓解眼睛的干涩和疲劳感，同时也有利于皮肤的健康。含维生素A丰富的食物有蛋类、奶制品、刀鱼、猪肝、羊肝等，另外富含胡萝卜素类的食物，如胡萝卜、西红柿、芒果等也可以在体内转变为维生素A。

维生素C有增加白细胞吞噬细菌的能力，从而帮助抵抗熬夜带来的机体紊乱，是有效的抗氧化物和增强免疫力的维生素之一，还有利于皮肤恢复弹性和光泽。富含维生素C的食物有枣、草莓、猕猴桃和各种绿叶蔬菜等，或者口服1～2片维生素C片效果也不错。

蛋白质是构建免疫系统的主要物质，有助于提高机体免疫力，熬夜时喝一杯牛奶，摄取其中的蛋白质，就可以让身体保持基本的防御能力。除了牛奶外，鸡、鸭、鱼、肉及蛋类等都富含蛋白质。

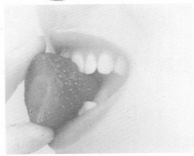

熬夜伤胃，用药膳来养一养

经常熬夜的人，容易患胃肠道疾病，影响健康不说，隐隐的疼感还时时折磨着患者。是药三分毒，这时不妨试试一些可以健胃养胃的食疗方法。

鲜百合银耳糖水：鲜百合30克、银耳30克、雪梨1个、燕窝10～30

克、冰糖适量。雪梨切块，放冰糖和其他材料一起炖成糖水即可。此方有养阴凉血之健胃作用

参芪猴头炖鸡：猴头菌100克，母鸡1只（约750克），黄芪、党参、大枣各10克，姜片、葱结、绍酒、清汤、淀粉各适量。将猴头菌洗净去蒂，发胀后将菌内残水挤压干净，以除苦味，再切成2毫米厚片待用。把母鸡去头脚，剁块，放入炖盅内，加入姜片、葱结、绍酒、清汤，上放猴头菌片和浸软洗净的黄芪、党参、大枣，用文火慢慢炖，直至肉熟烂为止，调味即成。此方可以补气健脾养胃。

为了减肥一定要记得少食多餐

　　生活中往往很多事情会耽误到我们的用餐时间，如果晚餐吃得较晚，午餐和晚餐间隔的时间较长，人会因为饥饿感而增加夜晚的饮食量，从而导致脂肪的堆积，加重胃肠道负担的同时还影响睡眠。为了我们的健康和曼妙的身材，如果两餐时间间隔太长，可以在两餐之间再加一餐，做到少食多餐才更健康。

饥饿是减肥大忌，不吃东西并不能瘦

　　两餐之间间隔的时间过长，容易产生饥饿感，导致人在下一餐中会大量进食，人体摄取过多的热量就会转化成脂肪存留，不利于减肥的进行。都市白领们由于上班时间的规范化，早餐和午餐的时间还算比较准时，但在下班后，业余私生活的干扰加之对晚餐的不重视，往往会将晚餐的时间推延而导致饥饿。

　　其实除了营养过剩外，导致肥胖的主要原因还有部分营养的缺乏，我们知道如果脂肪类和碳水化合物类的营养素摄取过多会引起肥胖，而蛋白质、矿物质、纤维素、维生素等营养素摄取过少也会导致脂肪更易被人体吸收，造成肥胖。饥饿减肥虽然可以减少人体对脂肪等物质的吸收，但同时也会使蛋白质等营养物质不足，造成减肥的徒劳无功。

最科学的饮食减肥方法莫过于少食多餐了。因此，如果晚餐吃得比较晚，不要让自己饿着，晚餐前少量给身体补充营养，不但可以避免饥饿带来的头晕、无力等不适，还可以让晚餐吃得少，达到健康减肥的目的。

选择既减肥又美容的餐间零食

少食多餐是非常有利于减肥的饮食方式，我们可以在两餐之间适量吃一些零食，来减少正餐的饮食量。但是千万不要认为，不是正餐就可以肆无忌惮地选择饮食了，高热量、高脂肪的餐间零食同样会引起肥胖。最好选择那些高营养、低脂肪的零食。杏仁富含多种维生素、氨基酸、膳食纤维、抗氧化剂等营养物质，可以及时补充人体所需的营养，杏仁中的不饱和脂肪酸可以适当补充人体所需的脂肪，同时不会增加多余的脂肪。另外，甜杏仁具有美容的功效，它能够促进皮肤的微循环，使皮肤变得红润光泽。蜂蜜富含人体生命活动所需的活性物质和水分，同时可以将营养物质带到身体的各个部位，可以起到对内养脏腑，对外养肌肤的作用。红枣可以补气养血，是天然的铁质来源，下午三点，吃几颗红枣，不但补充了营养，坚持下来还可以永葆青春。

夜晚很饿？试试消除空腹感法则

　　减肥的"美眉"是否会遇到这样的困惑，做到了少食多餐来减肥，可是长期养成的饮食习惯已经让胃口大开了，一到晚上肚子就感觉空空的。又想减去脂肪，又控制不住不争气的肚囊，该如何是好呢？其实很多食物低脂肪、低热量的同时还能增加你的饱腹感。此外，一些生活习惯也会帮助你消除空腹感呢，不妨试一试。

稀粥代替主食、红薯代替甜品，吃得少同样可以吃得饱

　　粥的味道鲜美，营养丰富，不但可以补充体力，更可以养护肠胃，预防感冒等。想要减肥的"美眉"，夜晚饿了，不妨喝一碗米粥，其丰富的水分可以让你获得饱腹感，控制食欲，同时又能滋润肌肤，要知道米粥的热量只有米饭的一半而已。喜爱甜食的"美眉"们，控制不住诱惑的时候不妨吃点可以减肥瘦身的红薯吧。红薯的纤维素含量较高，吃完容易有饱腹的感觉，解了馋还可以控制食欲呢。女孩们要好好爱自己，减肥的同

时也不要饿着自己。

泡个热水澡，消除空腹感

吃完了晚饭，深夜感觉到肚子饿时，不妨在睡前泡个热水澡。水温要稍高一点，42℃左右为宜，先让身体慢慢适应水温，逐渐躺下，让热水渐渐没过胸部至肩膀，利用热水的刺激，可以让交感神经活跃，从而抑制胃肠的蠕动，消除空腹感。

附：找到最适合自己的减肥食品

我们知道，高蛋白、高膳食纤维、低脂肪、低热量等的食物有助于减肥，但是不同人的身体状况会有很大的区别，看共性的同时，我们也要结合自身的情况来选择最适合自己的减肥食品。

血型不同，减肥食品的作用有区别

血型由基因决定，基因也决定了我们更容易吸收和分泌什么，注重饮食减肥的"美眉"们也要结合自己的血型来选择更适合的减肥食品。

A型血的人，更易消化植物性蛋白，不适于食用肉类，要慎食牛羊肉等，否则会使脂肪堆积。可以用鲜鱼和鸡肉代替。A型血的人可以多吃萝卜、菠菜、柠檬、桃等来减肥。

B型血的人比较幸福，他们和A型血的人相反，更容易消化肉类，所以不用刻意地远离美食，只要做到少食多餐就可以。对于B型血的人来说，减肥意味着要少吃面条和鸡肉，因为这些食物中的血凝素会阻碍B型血人的新陈代谢。

O型血的人不易消化乳制品、谷物和豆类，要减肥就意味着要远离这些食物。可以服用适量的钙片来补充营养的不足，同时能避免体内因消化不

了造成的废物堆积。平时可以多吃点卷心菜、菠菜和海生的贝壳类食物来帮助减肥。

AB型血的人，胃酸分泌量较少，不易消化肉类，平时最好以豆腐、水果、蔬菜为主。对于AB血型的人来说，西柚是最适合减肥的水果了，因为西柚可以帮助他们消化、分解脂肪，从而达到瘦身的效果。

不是所有减肥茶都适用，应根据体质来选择

市面上减肥饮品五花八门，减肥茶也为数不少，那么减肥安全指数相对高点的减肥茶该如果选择呢？

如果你是燥热体质，就要选择可以清热泻火的减肥茶。通便瘦身茶：用茉莉花1钱（钱，这里指中国古代的一种重量计量单位，1钱≈3.125克）、番泻叶1钱、何首乌1.5钱、黄精5钱、淡竹叶1.5钱、枸杞5钱，一起放入滤杯中，90℃热水冲泡，约10分钟后，即可饮用。此茶可以化痰消脂消热。

如果你是虚胖的体质，就可以选择有补益作用的减肥茶。桂花轻身茶：用葛根2钱、茯苓1.5钱、荷叶5分、黄耆1钱、桂花1/2茶匙，一起放入滤杯中，90℃热水冲泡，约10分钟，即可饮用。此茶有补气利水的功效，适用于肥胖易喘、腹泻便软等气虚体质者。

第六章

女性特殊时期生物钟：捕捉美颜美体的"尖峰时刻"

BIOLOGICAL

CIOCK

生理期丰胸

对于女人来说，美丽不光是要有漂亮的脸蛋，还要有傲人的身材。如果双峰亭亭玉立，整个人也会更加自信起来。如果你对自己的胸围不是特别的满意，如果你被人称作过"飞机场"，那也不要气馁，丰胸不是不可能的事情，"没有丑女人，只有懒女人"，只要找对方法、能够坚持，傲人的身材，你也可以拥有。

经期1～3天是丰胸的最佳时段

有研究证明，月经期的第一天到第三天是有利于丰胸的时段，因为这时影响胸部丰满度的卵巢动情激素会大量分泌，能够刺激乳房的脂肪囤积。在经期多吃一些丰胸的食物，可以增强丰胸的效果。一般来说，泌乳素和雌激素的分泌越旺盛，乳房的发育就会越好。木瓜有催乳的作用，可以促进这两类激素的分泌，多吃可以达到丰胸的效果；胡萝卜是一种美胸的蔬菜，因为它所含的胡萝卜素可以避免乳房下垂，能保持乳房的弹性，令你的乳房挺拔高耸。

经期不可错过的三款丰胸汤

下面给大家介绍三款既可以丰胸又能调理气血的汤。

1. 蛤蜊汤：用鲜蛤蜊15个，姜片2片，料酒2汤匙，精盐、味精各适量。将蛤蜊在清水中浸泡30分钟，使其吐净泥沙，然后冲洗干净；煮一锅开水，将蛤蜊、姜片、料酒依次放入开水中，待蛤蜊壳完全张开后，调入精盐及味精即可食用。这款汤可以帮助胸部的脂肪细胞吸收更多的养分，女性若在经期常喝这款汤，可以令乳房丰满。

2. 花生猪脚汤：用猪脚200克，花生2汤匙，酱油2汤匙，砂糖1茶匙，料酒2汤匙。将花生、猪脚分别洗净后一起入锅，加适量的清水，再依次放入酱油、料酒、砂糖，用武火煮沸后，改用文火炖煮至猪脚熟烂即可食用。猪脚中富含胶原蛋白，它是组成乳房结缔组织的主要成分，可以使乳房挺拔而丰满。花生中的维生素E和多不饱和脂肪酸，可促进女性体内雌激素的分泌，从而达到丰胸的效果。

3. 玫瑰香附汤：用香附5克，干玫瑰花7朵，猪肝300克，生姜3片，葱2根，料酒、生粉、橄榄油各1小匙，精盐适量。将猪肝洗净，切成薄片，用生粉拌匀，香附洗净，与玫瑰花一并放入适量的开水中，煮5分钟出味后，去药渣取汤。然后将葱洗净后切成小段，与姜片一并放入药汤中，滴入几滴橄榄油，待水开后，再放入猪肝片，用武火略煮片刻，调入精盐、料酒即可食用。这款汤可调理气血，改善因气瘀所致的胸部发育不良，若女性在经期常喝这款汤，可以达到促进乳腺发育的目的。需要注意的是，月经量过多的女性不宜在经期食用此汤。

"燃脂福利期"，做性感迷人小"腰"精

你知道吗？减肥也是有最佳时期的。很多人有这样的经验，尽管在某一段时间刻意节食，体重却在不断地增加；而有时没做什么运动，体重却相对减少了。这其实是正常的现象，女性的体重会随着生理周期的改变而变化。一般在月经期间，体重会微微减轻；月经期过后，体重又会稍微增加。只要利用好这种规律，稍作调整，就可以达到轻松减肥的目的了。

燃脂也有福利期，做做有氧运动减脂肪

体内荷尔蒙波动对脂肪的燃烧很有影响，而女性在经期内的荷尔蒙波动较大，在月经后2天及月经结束后1周，身体分解脂肪的能力会比平时高2倍，因此，这段时间被称作"燃脂福利期"。此时，适量的运动和平衡的饮食，就可以较平时更容易地减去腹部脂肪。在经期的前三天，可以做些比较轻柔的拉伸运动，比如初级的形体操、冥想型瑜伽等；经期的第4~5天，身体基本恢复，可以进行些慢走、慢跑等有氧运动来减脂；在经期结束后的一周，最好坚持每天做半个小时以上的有氧运动，如竞走、慢跑等，因为在这个时期，我们体内的新陈

代谢在加快，运动可以更加刺激脂肪的分解。这样坚持几个月，会让腰部显出更加迷人的线条来，若再配合经期的丰胸计划，完美身材不再是梦！

源自韩国的经期减肥食谱

生理期可以更有效地减肥，但是千万不要在这时使用减肥药，因为减肥药中的化学成分会破坏荷尔蒙的平衡，不但不利于瘦身，还可能有损健康。最好通过食疗来安全减肥，下面就介绍几款最近在韩国盛传的，适宜经期食用的减肥食谱。

木瓜红枣炖鲜奶：准备木瓜、红枣、鲜奶、冰糖等。将红枣洗净，木瓜去皮切成块，放容器内，小锅内放少许水和冰糖，煮至融化，将冰糖水和鲜奶倒入红枣和木瓜中，最后放蒸锅内，隔水蒸40分钟即可。木瓜富含木瓜酶，能尽快排出体内毒素，有利于减肥，还能帮助润滑肌肤。鲜奶含有完全蛋白质，红枣富含维生素C，可以美容养颜。

山楂芒果雪梨丝：准备芒果、雪梨、山楂片等。芒果、雪梨去皮切丝，山楂片切丝，把原料盛入碗里，浇适量蜂蜜，吃的时候拌匀即可。芒果含有大量的纤维，可以促进排便，防治便秘。水果中的大量维生素还能润肤养颜。

马齿苋绿豆薏仁汤：准备绿豆20克、薏仁20克、冰糖适量、马齿苋适量。将薏仁及绿豆洗净后，用清水浸泡隔夜，薏仁加3杯水放入锅内，用大火煮沸后，改用小火煮半小时，再放入绿豆煮至熟烂，最后加入马齿苋和少许冰糖调味即可。此方可以利水消肿、清热排毒，有助于减肥瘦身。

月经第一天，体内将分泌排毒蛋白质

人的身体机能奥妙无穷，学会掌控自己的生物钟，才会活出美丽和健康。女性在生理期的第一天，身体会自然分泌一种叫酵素的蛋白质。这种比细胞更小的蛋白质能分解体内毒素，将血液由酸性转变为弱碱性，能帮助身体有效排毒。女性朋友可以利用这一点，来帮助减肥和美颜。

经期多喝水，有助排毒养颜

经期虽然会分泌排毒的蛋白质，但也是皮肤容易出现问题的危险期，因为女性在这个时期身体的代谢能力增强，导致皮脂分泌旺盛，在外界紫外线的影响下，容易产生黑斑；经期的肌肤也比较敏感，加之女性在这个时期的情绪容易波动，很容易长痘痘和暗疮等。在这个时期要多喝水，每天至少饮用1 000毫升

左右的白开水来帮助身体排出毒素。

按按穴位，促进体内排毒

女性在生理期时，轻轻点按几个穴位，可以刺激新陈代谢，促进体内毒素的排出，有助于生理期的减肥效果。

足三里穴：用左手的掌心按左腿膝盖顶部，五指朝下，中指指尖向外一指的地方就是左腿的足三里穴，同样的方法可以找到右腿的足三里穴。轻轻点按这个穴位，可以促进消化系统的运行，加快毒素排出体外。

涌泉穴：用力弯曲脚趾，足底前部的凹陷处就是涌泉穴。轻轻点按这个穴位，能调节人体的自主神经系统，帮助扩张血管、促进血液循环、降低血液的黏稠度并加快毒素的排出。

真正好点子：经期皮肤小问题一扫光

生理期是女性身体比较脆弱和敏感的时期，这期间雌激素水平发生变化，皮肤也会不同于平日，容易出现油腻、长粉刺和黑眼圈等状况。想要解决特殊日期的皮肤问题，就要做好身体的调理工作，保证足够的睡眠、营养饮食等。

特别的日子，巧用护肤品

生理期时，皮肤变得非常敏感，应该减少护肤品的使用量。尽量不要用滋养度高和含铅的化妆品，因为在皮肤较为脆弱的时期使用含铅的化妆品，最容易长斑。由于经期的皮质分泌旺盛，最好1～2天使用一次锁水效果好的补水紧肤面膜，以免痘痘、粉刺的滋生。建议使用含有维生素C、果酸等具有美白效果的护肤品来对抗黑色素。有些女性在经期时，会出现眼部的不适，如浮肿、黑眼圈等，可以在涂抹眼霜后，手指轻扣眼眶，点压眼周围的穴位，给眼部做个缓压的按摩。除

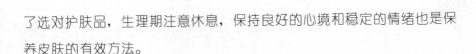
了选对护肤品，生理期注意休息，保持良好的心境和稳定的情绪也是保养皮肤的有效方法。

解决经期皮肤暗黄的三种方法

1. 多吃补血食物。女性经期血液流失较多，要注重在饮食上补血，血液充足了，脏腑就能得到充分的滋养，脸色自然会光泽红润起来。红米、红萝卜、黄豆等都是经期补血的最佳食物。

2. 通过按摩加强血液循环。经期血液循环不畅会引起面色的暗黄，这时可以通过按摩，将"黄气"循环走，带来好气色。脸部的按摩手法较多，这里简单介绍几种。

强擦法：用手指在脸部皮肤上画圆圈，轻重以柔中带刚为宜，可以促进皮肤的新陈代谢，帮助肌肤排出废物。

震动法：用手指轻轻震动脸部肌肤，兴奋知觉神经的同时，可以促进血液循环。

敲打法：用手指有节奏地轻轻敲打脸部肌肤，可以增加肌肉的收缩力，提高皮肤弹性。

3. 给肌肤做美白护理。可以根据肌肤的特点选择一款去黄美白的护肤品，自制去黄美白面膜效果也不错，如用薏米粉、白芷粉、绿豆粉、蜂蜜、牛奶调和后，涂抹面部，约20分钟后洗去，有美白、去黄、滋养的作用。

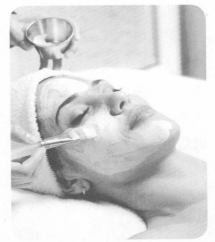

钻石级保养策略，给你经期好脸色

生理期容易使女性心理上变得烦躁不安，生理上出现肌肤问题、腰痛、腹痛、手脚凉等各种不适。皮肤干燥暗沉了，人也显得没有精神。这一时期是很多女性都不愿意面对的时期，同时也是需要更多呵护的时期。这时首先要保证充足的睡眠和良好的情绪，此外减轻痛经带来的不适感，也是还原好脸色的重点。

舒缓痛经，五种方法爱自己

痛经是困扰很多女性的病症，有着反复发作、难于根治的特点，会严重妨碍到女性的工作和生活。痛经的折磨会让整个人看起来疲惫不堪，为了远离痛经找回好气色，不妨试试下面这五种缓解经期不适的方法吧。

1. 有调查显示，女性经期时，容易出现腹部冷痛感。这时贴上个暖宝宝，用物理生热的方法，可以降低50%的不适感。

2. 黑糖与黑巧克力都可以抑制子宫的过度收缩，降低不适感。

3. 月见草油与琉璃苣油都可以促进血液循环，调整子宫收缩，从而降低焦虑、头痛等症状，可以在经前买来服用。

4. 经期容易出现小腹的胀闷感。这时通过对小腹简单的按摩，就能够缓解，同时有助于排出经血。可以将双手平贴在肚脐上方三指宽的地方，然后顺时针按摩。

5. 在经期前泡泡热水澡（最好是泡温泉），可以促进身体内废物的排泄，月经也会来得比较顺畅。

经期前后，每周来份养颜汤

对于肌肤的保养，最重要的是内调，由内而外的健康美丽才最闪耀。月经期间合理健康的饮食，也是护肤的关键。

经期前一周：这时要为即将来临的月经做准备。可吃一些可以补足阳气的食物。推荐巴戟天羊肉汤。具体做法：备熟地9克，当归6克，赤芍、菟丝子、巴戟天各3克，羊肉50克，山药一段(约7厘米长，切片)。将所有材料放入锅中，大火开锅后，改中火煲汤，放入少量盐调味即可。此方可以使身体更好地生发阳气，可以服用到月经来临。

经期结束后第一周：此时，女性的阴血损失较大，要以滋阴养血为主。推荐熟地当归猪脊骨汤。具体做法：备熟地、制首乌各9克，当归、炒白芍各3克，阿胶6克，龙眼肉3颗、猪脊骨一节。先将猪脊骨去血水，将所有材料放入锅中，加水，一般煲至猪脊骨熟透调味即可。一周2～3天饮用此方可助阴血的滋生。

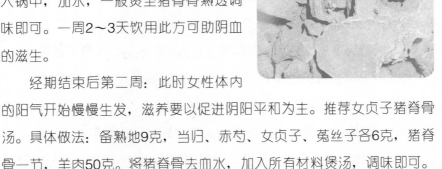

经期结束后第二周：此时女性体内的阳气开始慢慢生发，滋养要以促进阴阳平和为主。推荐女贞子猪脊骨汤。具体做法：备熟地9克，当归、赤芍、女贞子、菟丝子各6克，猪脊骨一节，羊肉50克。将猪脊骨去血水，加入所有材料煲汤，调味即可。切记调味品不要多放。此方中，熟地、当归等滋补阴血，菟丝子可以补肾阳，猪肉和羊肉共用可促进人体阴阳平衡。

摄取维生素，消除黑色素沉淀

俗话说"一白遮百丑"。美白是亚洲女性永远的时尚话题，而黑色素则是脸上斑点的"元凶"，是美白的大敌。它的形成主要是由于人体分泌循环的不畅，导致肌肤不能及时地代谢垃圾而出现的色素沉淀现象。为了美丽干净的肌肤和自身的健康，我们要及时清理掉这些有害无益的色素。

维生素C、维生素E和铁，消除黑色素的三大狙击手

囤积在体内的黑色素看不见也摸不着，往往容易被人忽略，但由于黑色素沉着而带来的面部斑点，不但影响美观，更是对身体的一种潜在危害。我们平时要多进食含维生素C、维生素E等能消除黑色素的食物。

维生素C：维生素C对人体的作用广泛，是合成胶原蛋白不可或缺的成分，可起到润泽肌肤的作用；还可以中断黑色素的生成，加快皮肤

的还原变白；同时也是维持皮肤弹力的重要物质。很多水果如草莓、奇异果、西红柿等都富含维生素C。

维生素E：维生素E是全球市场容量最大的维生素类产品之一。它的作用广泛，在美容方面有很好的疗效，可以抑制黑色素在肌肤上的沉积，还可以预防皮肤的早衰。芝麻、花生、菜花、卷心菜等都富含维生素E。

铁：血液中的铁元素，可以说是维生素

C的搬运工，能把维生素C运往全身，间接地起到阻断黑色素生成的作用。铁元素可以补血，从而达到让肌肤白里透红的效果。通常富含铁的水果、蔬菜，切开遇到空气后容易变色，比如菠菜、黄花菜、桃、李、樱桃等都富含铁。

拒绝黑色素，好肤色吃出来

大自然赐予我们五花八门的食物，它们各司其职、各显神通，想要赶走色素吃出好肌肤，就试试这些食谱吧。

海带猪蹄汤：将猪蹄剁块，在沸水里焯一下，放入砂锅，砂锅里加水、姜块后开始炖煮，猪蹄快熟时下海带，炖到猪蹄软烂，加盐和葱花起锅即可。猪蹄中的胶原蛋白，是肌肤活力的法宝；海带中富含铁元素，可以减少黑色素的生成，同时有利于毛孔的畅通。

黄瓜粥：将米粥熬至软烂时，加入黄瓜末，继续熬煮2～5分钟，放少量盐即可。此粥可以帮助瘦身和美颜，黄瓜富含维生素C、钾盐和胡萝卜素等营养成分，经常食用此粥，可以消除雀斑、美白皮肤。

山药青笋炒鸡肝：将鸡肝洗净切片，山药、青笋去皮切条，然后将这三种材料放进沸水里焯一下，待油锅稍热后，放入山药、青笋和鸡肝翻炒至肝变为灰褐色，放入少许味精和盐，淀粉勾芡即可。这是一款能够滋补、护肤的美食，鸡肝含有大量的铁、锌、B族维生素等营养物质，可以补血褪黑；青笋富含膳食纤维，可以补气通便，是极佳的美容蔬菜；山药则是补虚的佳品，三者合用，可以滋润皮肤、提亮肤色，还能调养气血。

加倍护理面部肌肤，准妈妈不当黄脸婆

女性在怀孕期间，体内的雌激素和黄体素分泌增加，导致肌肤的自我保护与自我修复能力下降。这时的肌肤最容易出现干燥、出油、粉刺甚至炎症等问题。女性应特别注意孕期对皮肤的养护。要选择天然、安全、专业的护肤品，避免含重金属、酒精、激素、矿物油、防腐剂和化学香料等对胎儿和孕妇有害的产品。

四季保湿，准妈妈也能水嫩嫩

春天人容易燥热，准妈妈们要多喝水，让体内细胞得到充足的水分，皮肤才会水嫩柔滑。每天至少用温水洗脸三次，使用低油度的保湿面霜，可避免沾住太多的灰尘杂质堵塞了毛孔，可以在晚间选用水质的保养品，让皮肤得到充分的休息。

夏天容易出汗，可以适当增加洗脸的次数，选择适合自己肤质、孕妇专用的洗面奶，如果不能及时清洗，最好用含有润肤水的棉纱轻轻地擦拭，然后涂上乳液或面霜。妊娠期的皮肤更加敏感，稍不留神就会长出斑点和雀斑。夏天较强的紫外线，会增加斑点和雀斑的出现概率。准妈妈们在夏天要尤其注意做好防晒工作。建议最好用物理的防晒方法，如外出时戴上遮阳物等。平时也可以多吃含有维生素C、维生素B和蛋白质的物质，来预防斑点和雀斑的生成。

秋冬季节是皮肤容易干燥的时期，准妈妈们补水的同时还要注意锁水，像润肤水和精华液等虽然有给肌肤补充水分和营养的作用，但锁水作用却很弱。可以在使用润肤水和精华液后涂抹保湿霜，令肌肤持久水润。

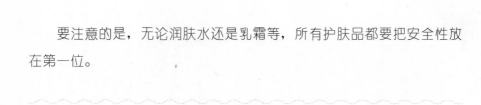
要注意的是，无论润肤水还是乳霜等，所有护肤品都要把安全性放在第一位。

准妈妈的营养面膜，天然果蔬来护肤

孕期是女性护理肌肤的尴尬时期，不做护理，肌肤容易出现问题；做护理又担心美容产品的安全性。这时，选用天然的果蔬面膜来做面部护理应该是不错的选择。

番茄面膜：番茄一个、牛奶两勺、面粉两勺、鸡蛋五分之一个、蜂蜜半勺。番茄洗净后榨汁，取50毫升番茄汁，加入牛奶、面粉、鸡蛋、蜂蜜，搅拌成糊状，敷在面部，15～20分钟后洗净即可。鸡蛋黄中含有油脂，对皮肤有润滑作用，这款面膜比较适合干性和混合性皮肤。

胡萝卜汁面膜：胡萝卜一根、牛奶两勺、黄豆粉两勺、鸡蛋五分之一个、蜂蜜半勺。将胡萝卜洗净后打成汁，取50毫升胡萝卜汁，加入牛奶、黄豆粉、鸡蛋黄、蜂蜜，搅拌成糊状，敷于面部，15～20分钟后洗去即可。这款面膜能褪去黑色素，比较适合面部长雀斑的女性。

柠檬面膜：一个柠檬、牛奶两勺、蜂蜜半勺、面粉两勺、蛋清五分之一个。取柠檬汁，加入牛奶、蛋清、蜂蜜，搅拌成糊状，敷在面部，15～20分钟后洗净即可。这款面膜有清爽美白的作用，比较适合油性的皮肤。

谁说女性孕期不能减肥？

准妈妈们在孕期虽然要补充营养，但是过于肥胖对胎儿和自身都不是很好，而且想要在产后恢复到怀孕前的体态就很困难了。准妈妈们在怀孕期间就要管理好自己的体重，不过也不要轻易地节食，毕竟妈妈和宝宝的营养最重要，最好是通过简单的运动来保持体重。

四种简单运动，准妈妈也可以保持身材

准妈妈们不要因为怀孕而完全不动，适当的运动不但有助生产，还可以帮助维持体型。

有氧运动：快走、慢跑、游泳、骑自行车等有氧运动，能加强孕妇心肺功能，从而促进身体对养气的吸收，对孕妇和胎儿都很有益处。适量的有氧运动能调节血压和血糖，控制体重的过度增加，还可以增加身体耐力为分娩做好准备。但切记，运动一定 要量力而行。

水中运动：孕妇最好选择水温在25.9～29℃

的游泳池，可以进行游泳、健身操等运动。水的浮力能帮助孕妇支撑起比孕前多出的体重，让疲劳的身体得到放松；水的阻力是空气的12倍，在水中行走能消耗掉更多的脂肪。

"Kegel"练习："Kegel"练习对女性的生殖系统和泌尿系统健康都有好处。练习时，可以站立、坐下或者侧卧，在吸气的同时收紧会阴部的肌肉，让盆腔底部有被上提的感觉，上提到顶点时，保持8～10秒钟，均匀地吸气、吐气，然后放松。

瑜伽练习：女性在孕期可以做一些简单的瑜伽动作，来舒展肢体，放松心情。要避免举重、倒立等难度大的动作，最好请专业人士来指点进行。

营养安全的孕期减肥食谱

怀孕期间，既要吃得营养，又不要过度长胖，那就试试下面的食谱吧。

酱汁鳕鱼：材料有鳕鱼、紫甘蓝、洋葱、红甜椒等。将鳕鱼两面涂抹少许黑胡椒粉，加盐、料酒腌制10分钟，红甜椒、紫甘蓝切成丝用醋拌匀，洋葱、生姜切丝。锅里加少许油，放入洋葱、生姜煸炒出香味后捞出，放入鳕鱼块小火煎制2分钟左右，微黄时出锅备用。洗锅后倒入适量蚝油、糖、生抽、白葡萄酒，烧至浓稠时加入香葱末调成汁。将烧好的酱汁浇在鳕鱼块上，蔬菜用沙拉酱拌匀即可。鳕鱼含有丰富的蛋白质、维生素和钙、镁、锌等微量元素，热量却很低，非常适合孕期食用。

海参木耳汤：材料有水发海参、银耳、木耳、黄瓜等。将发好的海参切成小块；黄瓜切片；葱切丝，姜切片，香菜切段备用。锅中倒油，待油温四成热时下姜、蒜炒出香味，再放入银耳和木耳，倒适量高汤，加料酒大火煮沸后改小火慢炖。炖煮约半个小时后放入海参、胡椒粉，再次炖煮15～20分钟。起锅时放入黄瓜片、葱丝和香菜，加盐，淋少许香油调味即可。海参是高蛋白、低脂肪、低糖、无胆固醇的营养保健食品，富含50多种珍贵活性物质，非常适合孕期食用。

萝卜炖羊肉：材料有萝卜、羊肉等。将羊肉洗净，切成长方形片状；萝卜洗净，切成4厘米见方的块；香菜洗净、切段。将羊肉、生姜放入锅中，加适量清水，用大火烧开后，改文火煎熬1小时，再放入萝卜块煮熟，加入盐、香菜、胡椒和少许食醋调味即可。羊肉可以益气补虚，促进血液循环。萝卜的维生素含量较多，热量低，性凉，可以抵制羊肉的温热。

坐月子也要美，但别急着进行美白

女性如果在孕期忽略皮肤的保养，很容易就会进入到"黄脸婆"的行列，生产后的月子期，不但是调整身体状况的时期，也是护肤的好时机。趁着肌肤问题还没有特别严重时，赶紧在产后进行补救吧，但不要着急进行美白的工作，因为美白产品多数添加了铅、汞等重金属成分，会通过哺乳而危及宝宝的健康。

清洁、保湿、防晒三个步骤做好产后皮肤护理

很多产妇坐月子时，认为洗头洗澡会损伤身体，其实，当伤口愈合良好时，是可以适当进行身体清洁的，否则很容易导致皮肤的感染，引起皮肤炎等。对于干性、中性皮肤的女性来说，单纯的喝水已经满足不了产后肌肤的缺水情况了，这时要选择成分天然，性质温和的保湿品来给肌肤补水。女性在生产前后容易出现色斑、妊娠斑等，紫外线的照射会加重原有色斑。因此，产后一定要做好防晒工作，当然最好用物理的防晒方式，出门时戴好遮阳物等。

适合产后妈妈用的天然美白面膜

由于产后新陈代谢变慢，新妈妈体内的毒素无法正常排出，易使黑色素沉淀，导致色斑和皮肤颜色的加深，很多孕妇生产后都会觉得皮肤变黑变差了。处在哺乳期的妈妈们可以通过饮食和自制水果蔬菜面膜来达到美白的效果。

绿豆美白面膜：准备3茶匙绿豆粉加入少许养乐多，搅拌成泥状。把搅拌好的绿豆泥涂在脸上，可以用指腹由里向外打圈，进行面部的按摩，效果更佳。5～8分钟后用清水洗净即可。这款面膜有去角质、平衡油脂分泌、消炎以及改善暗沉肤色的作用。

牛奶薏仁美白面膜：玻璃器皿或碗中倒入20毫升牛奶，加入30克薏仁粉，10克珍珠粉，调成糊状。敷在脸部15分钟后洗净即可。薏仁富含的类黄酮能有效地阻止黑色素产生，牛奶则能起到滋润保湿的作用。

红糖美白面膜：取红茶和红糖各两勺，加水放在锅里煮好，加适量面粉搅拌成糊状后敷在脸上，15分钟后用清水洗净即可。红糖中的"糖蜜"成分有很好的美白祛斑功效，这款面膜每个月做1次，可以明显改良肌肤状况，使皮肤白净水嫩。

附：受孕很神奇，生物钟优生法助你好孕

每个爸爸妈妈都希望自己的宝宝能既聪明又健康，而影响优生的因素不少，利用人体的生物钟，掌握最佳的生育时机就是其中一种。生物钟优生法，是应用人的体力、智力和情绪三种生物节律的运行规律，通过测算夫妻两人的生物钟状况，来选择最佳的怀孕时机，生育优良素质的子女。

生活中会出现这样的现象：高智商、高学历的父母生出了低能儿；普通家庭却培养出了高才生。这其中有部分就跟怀孕日夫妻两人的生物钟情况有关。人体其实存在近百种的小生物节律，它们影响着人体的一切活动，其中影响最大的是"人体生物三节律"，包括智力、体力和情绪的节律。当夫妻两人的智力、体力等多种生物钟都运行在高潮期时，往往更易生出素质较高的子女；而当夫妻两人的多种生物钟都运行在低潮期时，则很可能生出素质较差的子女。

孕育是一个伟大的过程，学会利用生物钟来孕育生命，是非常科学的方法。认准了孕育的日期，也要根据一天中身体的状态变化，来选择最佳的受孕时间。人体的机能状态在一天24小时内在不断地发生着变化，07:00—12:00时，人体的机能呈上升趋势；13:00—14:00时，人体的机能状态处于最低时刻；17:00时身体状态再度上升，到了23:00后又开始急剧下降。科学研究发现，21:00—22:00这段时间是一天当中最佳的受孕时刻。最好选择安静、舒适、空气较好的地点受孕，同房后，女方平躺睡眠，有利于精子的游动，可以增加受孕的概率。

附录

附录1：生物钟里的"最佳时刻表"

生物钟调节着人体的各种激素和化学物质的变化，它随着四季、朝夕的不同随时作出调整。每一天我们的身体都有最佳状态的生物钟时刻，学会掌握、顺应这种规律，在正确的时间做有益健康的事，才能事半功倍。

07:00，是吃早餐的最佳时间，身体的葡萄糖供应有限，到早晨时，几乎已经被用光了，这会使大脑无法正常的工作，所以最好在清醒后1小时内进餐，以及时补充葡萄糖。06:00是人体生物钟的"高潮"时期，此时起床会精神抖擞。早餐最好吃一个鸡蛋，这种富含蛋白质的食物能有效抑制饥饿，增强饱腹感。

07:15，早餐后，最好服用些复合维生素，这些具有兴奋作用的营养素，可以提供你整天的能量。最好不要空腹服用，否则营养物质会很快随小便流失掉。早饭后服用效果最佳。

07:30，我们进食以后，酸性物质会使牙釉质变软，饭后立即刷牙更容易损伤牙釉质。应在早餐的半个小时以后刷牙最好。

08:30，此时的太阳光已经比较强烈，而且早晨的自然光既可以让人清醒，又能促进体内维生素D的生成，还是天然的抗抑郁剂。早上8点半时，最好到户外走走，哪怕靠着窗户晒晒太阳也会对身体有益。

12:00，午餐时间喝杯咖啡，可以调节餐后血糖的变化，降低糖尿病的发生率，而且不会妨碍到晚间的睡眠。

13:00，此时人体的消化系统能力最强，比较适合进食午餐。有专家指出，午餐最好要保持蛋白质和糖类的平衡，也不宜过于丰盛。

15:00，此时是对午餐摄取食物的消化时间，血液流向胃部，大脑的供血减少，人会感觉昏昏欲睡。最好到户外散散步。这样既能帮助消化、消除困倦，又能晒晒太阳增加体内维生素D的生成。

17:30，这是一天中人体体温最高的时间，身体的灵活度、敏捷度、耐力和肌肉强度都达到最大值，比较适合做些运动。

19:00，此时肝脏对酒精的解毒能力最强，可以适当饮用有活血作用的红葡萄酒，但是不要贪杯，否则也会影响睡眠的。

19:30，专家建议睡前的2～3小时用晚餐最好，19:30用餐，正好可以在21:30—22:30之间准备睡觉。

22:00点，睡前可以给肌肤做些保养工作，晚上10点钟进行最适合不过了。

附录2：晨操——神清气爽一整天

早晨起床之后，做一遍下面介绍的体操动作，不仅能使你神清气爽地开始一天的工作学习，而且还能使你减去身体的脂肪，帮你塑造苗条优美体型。

1．俯卧，双腿分开，脚背朝下，双臂缓慢撑起上半身，保持5秒，还原，做3次。

针对部位：腹、胸、背。

2．跪撑，用力收腹伸展背部。

针对部位：脊椎。

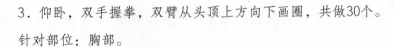

3．仰卧，双手握拳，双臂从头顶上方向下画圈，共做30个。

针对部位：胸部。

4．双腿与肩同宽，屈腿，双手放置腿两侧，起卧30个。

针对部位：腹部。

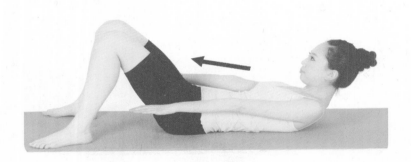

5．仰卧，腿伸直，单腿慢慢向臂部弯曲，反复4次，换腿。

针对部位：腿部。

附录3：瑜伽操，练出匀称身材

　　下面几个简单的瑜伽动作，不仅能够帮你排毒养颜、神清气爽，还能让体态更加婀娜多姿。经过一段由内而外的锻炼后，你会惊奇地发现心态已经变了个样子：你不会再为了减几公斤的体重而折磨自己，你会因为快乐而美丽，因为美丽而快乐。

桥式

　　1. 身体呈仰卧姿势，双脚平放并开立与臀同宽，双手放于身体两侧。

　　2. 两个膝盖弯曲，脚跟尽量靠近臀部，手尽量碰触脚跟。

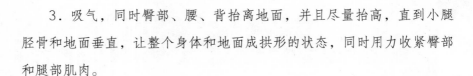

3．吸气，同时臀部、腰、背抬离地面，并且尽量抬高，直到小腿胫骨和地面垂直，让整个身体和地面成拱形的状态，同时用力收紧臀部和腿部肌肉。

4．手托腰部后侧，停留数秒。保持自然呼吸，坚持15~30秒后还原为仰卧姿势。然后放松，继续重复3~5次。

针对部位：锻炼整个后备、腿部、臀部、腹部和腰部肌肉。

骆驼式

1．身体呈跪立姿势，将两个膝盖张开，和臀同宽，保持大腿和躯干呈一条直线，并与地面垂直。

2．双手分放在骨盆上方，手肘屈曲，肩膀及手肘朝向后方,吸气，由上背部开始，慢慢把身体向后弯，同时收紧大腿、臀部和腹部肌肉。

3．再呼气，呼气同时，先把右手放在右脚跟上，并且手掌向下，手指向后，然后再把左手依同一方法放在左脚跟上。这时候再吸气，并用双手往脚掌方向用力，由此借力使胸朝上挺高，此时保持盆骨、大腿都与地面垂直，让头部放松，并保持呼吸自然。这个姿势坚持15～30秒。

4．将双手放回骨盆上方，慢慢地恢复到原来的姿势，然后让臀部坐在自己的脚跟上，稍事休息。

针对部位：背部、腿部及臀部肌肉。

猫伸展式

1．身体呈跪立姿势，两膝盖打开与臀同宽的程度，两只小腿和脚背紧贴于地面，手掌按在地上呈"板凳"状。

2．吸气，挺胸，头部向后仰，伸展颈部，眼睛看向上前方，保持6秒。

3．呼气，同时慢慢地把背部向上拱起，低头用下巴够锁骨，就像小猫在伸腰，直至背部有伸展的感觉。该动作可以重复做6～10次。

针对部位：猫式动作能让背部、腹部肌肉得到有效锻炼，增加脊椎灵活性。

附录4：呼啦圈新玩法，燃脂有奇效

随着全民健身运动掀起的热潮，越来越多的人因为呼啦圈健身的简单方便，而加入到这项运动中来。

其实，作为瘦腰运动必备品的呼啦圈，也可以摇身一变成为多功能的减肥武器。下面介绍的这一套30～40分钟的呼啦圈新玩法，就会让你越"圈"越瘦。健身教练对你的唯一要求是：使用一个1 300克的呼啦圈来做。当然，你也可以用一个普通重量的呼啦圈，不过减肥效果就要稍微打点折扣了。

具体运动方法：先做3分钟的热身运动。把呼啦圈放在臀部转3～5分钟。

1．双脚以肩宽的距离站立，双脚脚趾稍微转向左。把呼啦圈立起来放在左脚旁边，左手抓牢呼拉圈顶部。抬起右腿伸向右侧（与臀部同高或者尽量抬高），然后收回。身体的每一边各重复此动作12次。做完后把呼啦圈放在臀部转3～5分钟。

2．双脚以肩宽的距离站立，脚趾指向前方，双手像握方向盘那样握着呼啦圈放在身体前方。抬起左腿伸到左侧，同时把"方向盘"也转向身体左侧，重复两次。然后右腿重复上面的动作，这样算完成一次完整的动作。把整个动作重复12次。做完后把呼啦圈放在臀部转3~5分钟。

3．双脚以肩宽的距离站立，脚趾指向前方，双手像握方向盘那样握着呼啦圈放在身体前方。身体稍微向左转，同时抬腿让右脚趾触到呼啦圈的左侧。接着换另一侧重复一次，这样算是完成了一个完整的动作。把整个动作重复12次。做完后把呼啦圈放在臀部转3~5分钟。

4．脸朝上平躺在地面上，双腿抬高到与地面成90°角。用左手拿起呼啦圈一头，双脚蹬住呼啦圈的另一端（注意保持大腿与地面垂直）。右手放在头部下方，轻微地抬起肩胛骨，然后把大腿放低到离地10厘米的地方，最后慢慢回复到起始的姿势。重复12次之后，换右手握住呼啦圈重复上述动作。做完后走动3分钟让身体放松下来，最后做一些伸展动作。

附录5：女性千万远离"猛虎背"

背部是平时很少能够锻炼到的地方，因此很容易堆积脂肪。尤其到了炎热的夏季，轻薄的衣裙一下子就把"虎背熊腰"暴露在人前了。

"冰冻三尺非一日之寒"，要想解决后背的肥胖问题，也不要指望一蹴而就，而应该在加强背部锻炼的同时注意生活中的细节，这样才能减掉"虎背"，让后面的线条变得曼妙。

下面是一套针对后背部脂肪的"瘦背操"，持之以恒地练习就会达到瘦背的效果。

1. 身体仰卧，双腿并拢，双手握一根橡胶带（普通皮带、围巾、拉力器均可）。接着抬右腿，使腹部和臀部感到压力，将胶带套在脚底，腿部不能弯曲，然后拉动胶带，尽可能贴近自己的身体，该动作重复2～3次后回到起始状态，换左腿重复上述动作。

2. 身体仰卧，抬腿屈膝，贴近胸前，双手交叉抱紧膝盖下部。吸

气时尽量将腿前伸，双手同时抱紧腿部（故双腿无法完全伸直），呼气时双膝尽量贴近胸前。

3. 跪立，双肘同时触地，在每次重复练习时，膝盖与肘部之间的距离应渐渐加大。在吸气时，轻轻低头，呼气时，头部放松下垂，同时将背部弯成弓形，像猫一样，深吸一口气，然后慢慢呼气。

4. 抬头，同时使背部往下弯曲，绷紧肌肉，使肩胛骨尽可能向后收紧，屏住呼吸，再做2～4个往下弯背收肩的动作，然后放松肩胛骨。呼吸。

5. 身体仰卧，双腿屈膝，双脚略微分开放在床上或垫子上，然后慢慢将骨盆和腿部向一个方向转动，头部则转向反方向（肩部触地不动），自由呼吸。

6. 四肢支撑在床上，左膝弯曲，右足面放在左脚踝部上。在重力的作用下，左膝盖将缓缓下降，吸气时，控制身体的下降，呼气时，则继续让身体下降，再缓缓恢复原位。这种升降动作可坚持1分半钟左右，然后换右膝重复上述动作。

BIOLOGICAL CLOCK

7. 身体仰卧，双腿伸直并拢，双手自然分放两侧。右腿经左腿膝盖下部弯出，尽量使右膝贴近地面（肩部不得离开地板），这一动作应保持30秒钟，然后回到预备姿势，换另一条腿重复上述动作，自由呼吸。